生态园林与景观艺术设计

崔允姬 刘瞳 杨朝 著

哈尔滨出版社
HARBIN PUBLISHING HOUSE

图书在版编目（CIP）数据

生态园林与景观艺术设计 / 崔允姬，刘瞳，杨朝著
. -- 哈尔滨：哈尔滨出版社，2024.1
ISBN 978-7-5484-7180-6

Ⅰ．①生… Ⅱ．①崔… ②刘… ③杨… Ⅲ．①园林设计-研究②景观设计-研究 Ⅳ．① TU986.2

中国国家版本馆CIP数据核字（2023）第067278号

书　　名：	生态园林与景观艺术设计
	SHENGTAI YUANLIN YU JINGGUAN YISHU SHEJI
作　　者：	崔允姬　刘　瞳　杨　朝　著
责任编辑：	韩伟锋
封面设计：	张　华
出版发行：	哈尔滨出版社（Harbin Publishing House）
社　　址：	哈尔滨市香坊区泰山路82-9号　邮编：150090
经　　销：	全国新华书店
印　　刷：	廊坊市广阳区九洲印刷厂
网　　址：	www.hrbcbs.com
E - mail：	hrbcbs@yeah.net
编辑版权热线：	（0451）87900271　87900272
开　　本：	787mm×1092mm　1/16　印张：10.5　字数：230千字
版　　次：	2024年1月第1版
印　　次：	2024年1月第1次印刷
书　　号：	ISBN 978-7-5484-7180-6
定　　价：	76.00元

凡购本社图书发现印装错误，请与本社印制部联系调换。
服务热线：（0451）87900279

前　言

  为进一步提高我国生态园林景观设计的质量，本书主要针对生态园林景观设计特点分析、生态园林景观设计策略两部分内容，从多个角度出发，提出具体的可行性方法，为后续的工作展开提供有效的借鉴和参考。

  近些年来，随着我国社会、经济的不断发展，人们对生活环境的质量要求也在不断提高，生态园林在这样一个背景下，也逐渐得到越来越多人的认可。同时，从现代城市发展的视角来看，生态园林的建设也成了一种必然趋势。生态园林的建设，一方面能够美化城市的景观、改善城市的环境；另一方面也能够为人们提供一个休闲娱乐的场所，丰富了人们的业余生活。但是在当前的生态园林设计中，仍存在一些问题，包括植物的多样性、生态功能的体现、园林的适应性、施工阶段的节能措施应用以及养护阶段的管理等。本书针对这些问题，探讨生态园林景观设计特点与设计策略。

  生态园林的景观设计可以简单理解为植物的优化分配、建筑物的合理布局，以及自然环境和人工环节的有效结合，从而营造出绿色、合理的环境。那么从具体的设计工作来看，也包含了很多方面，包括施工中的节能技术应用等。首先，需要相关部门注重可循环理念，提高水资源及部分材料的回收利用率。其次，要最大限度地降低园林景观设计给周边环境带来的负面影响，确保废气的排放能够与生态的吸收相平衡，既要保证植物的正常生长，也要避免不合理干预对环境造成的负面影响。

  综上所述，在生态园林的景观设计中，相关部门与相关人员可通过彰显自然生态功能、坚持物种的多样性、因地制宜地进行生态园林设计、采用节约化的设计手法、加强水资源的循环利用、优化太阳能设计及完善生态园林的施工作业等一系列措施来达到目的。意在从多个角度出发，针对目前生态园林景观设计的实际情况，分析问题成因，找寻解决方法，制订更为科学、合理的方案策略，从而促进我国生态园林的可持续发展，提高工作的效率和质量。

目 录

第一章 生态学基础 … 1
 第一节 生态学的产生与发展 … 1
 第二节 自然生态系统 … 3
 第三节 人工生态系统与生态足迹 … 7
 第四节 生物多样性与生态冗余 … 9
 第五节 生物与环境之间的关系 … 10
 第六节 生物与生物之间的关系 … 12

第二章 园林建筑设计 … 16
 第一节 设计过程与方法 … 16
 第二节 设计场地解读组织 … 28
 第三节 方案推敲与深化 … 38
 第四节 方案设计的表达 … 48

第三章 生态园林景观设计 … 51
 第一节 生态景观艺术设计的概念 … 51
 第二节 生态景观艺术设计的渊源与发展 … 53
 第三节 生态景观艺术设计的历程 … 56
 第四节 生态景观艺术设计的要素 … 70
 第五节 生态现代景观艺术设计观 … 78
 第六节 生态景观设计 … 80
 第七节 生态景观规划 … 86

第四章 中国园林景观艺术设计类型及设计思想 … 94
 第一节 中国园林景观艺术设计的类型 … 94

第二节　中国园林景观艺术设计的思想……………………………………97
　　第三节　传统建筑与现代设计的结合………………………………………103
　　第四节　山石、水、植物……………………………………………………110
　　第五节　诗情画意……………………………………………………………114

第五章　生态住宅景观节能设计研究……………………………………………118
　　第一节　住宅景观生态节能设计基本概念…………………………………118
　　第二节　生态宜居住宅景观节能设计………………………………………121
　　第三节　"生态景观"与"节能景观"的异同………………………………124

第六章　生态居住区景观设计……………………………………………………127
　　第一节　居住区景观规划设计的原则………………………………………127
　　第二节　居住区景观规划设计内容及其要点………………………………131
　　第三节　实例分析……………………………………………………………134

第七章　生态道路景观设计………………………………………………………139
　　第一节　道路景观规划设计的原则…………………………………………139
　　第二节　道路景观规划设计内容及其要点…………………………………141
　　第三节　实例分析……………………………………………………………145

第八章　城市生态公园景观设计…………………………………………………151
　　第一节　城市公园景观规划设计的原则……………………………………151
　　第二节　实例分析……………………………………………………………156

参考文献………………………………………………………………………160

第一章　生态学基础

自 20 世纪 70 年代以来，随着环境污染、资源短缺、人口膨胀和自然保护等问题引起的关注，"生态"一词成为报纸杂志、广播电视中的常见词汇。可以说，没有哪一门学科像生态学这样，在几十年间获得了如此广泛的发展与普及。当今的生态学不仅和许多自然科学的分支学科相融合，形成许多交叉的边缘学科，如海洋生态学、工业生态学、农业生态学等，而且和许多社会科学的学科相结合，出现了诸如生态经济学、社会生态学、生态哲学等分支学科。生态建筑学正是这许多新分支学科中的一门。在学习生态建筑和进行生态建筑活动时，生态学的基础知识和原理是不可缺少的，它是生态建筑学的理论根基，本章将对这些基本知识做简要介绍。

第一节　生态学的产生与发展

一、生态学的产生

生态学是生物学发展到一定阶段后，从生物学中孕育出来的一门分支学科。近代科学产生后，人们开始对自然界的各种动植物进行分门别类的研究。从 19 世纪初至 19 世纪中叶，植物地理学家、水生生物学家和动物学家在各自的领域里进行了深入的研究，对自然界的动物、植物和微生物以至于人这种特殊生物的知识已有相当多的积累。随着后来对物种起源和进化及其他方面研究的深入，人们发现生物体与环境之间有着重要的依存关系。一方面，生物必须从环境中获取食物、水等才能生存，环境对生物个体或群体有着很大的影响；另一方面，生物的活动也在某些方面改变着环境，如动物的排泄物和遗骸增加了环境中的营养成分，植被的覆盖使原先裸露的土壤表面变得湿润、阴凉。因而，人们认识到，只研究生物有机体的形态、结构和功能等还不能全面认识生物，生物与环境两者不能分开，必须进一步将两者作为一个整体来看待并加以研究。

1886 年，德国动物学家赫克尔（E.Haeckel）首次提出了"生态学"（Ecology）的概念，它标志着生态学这门新学科的正式诞生。"ecology"一词来源于希腊文"oikos"

和"logos",前者是"家"或"住处"之意,后者为"学科"之意。"生态学"(Ecology)与"经济学"(Economics)的词根"eco"相同,经济学最初是研究"家庭管理"的,因此,生态学有管理生物或创造一个美好家园之意。赫克尔最初给生态学(Ecology)下的定义是:"我们把生态学理解为与自然经济有关的知识,即研究动物与有机和无机环境的全部关系。此外,还包括与它有直接或间接接触的动植物之间的友好或敌意的关系。总而言之,生态学就是对达尔文所称的生存竞争条件的那种复杂的相互关系的研究。"显然,这一定义主要是基于研究动物提出的。1889年,他又进一步指出:"生态学是一门自然经济学,它涉及所有生物有机体关系的变化,涉及各种生物自身以及它们和其他生物如何在一起共同生活。"这样就把生态学的研究范围扩大到对动物、植物、微生物等各类生物与环境相互关系的研究。自此以后的近一个世纪里,生态学的定义几乎没有变化。

二、生态学的发展

生态学作为一门独立的学科,提出之初,并不为人们所接受,主要原因在于生态学是一门多形态的学科,早期的研究对象不像其他传统学科研究对象那样明确,并且研究对象的尺度并不确定。这种状况一直持续到种群研究的广泛开展才有所改观。

在20世纪前半叶里,生态学出现了兴旺发达的景象,形成了比较完备的理论体系和研究方法,并产生了许多分支学科。这些分支学科所研究对象的侧重点不同,有些是研究水生动物,有些是研究植物,有些侧重于个体研究,有些侧重于某一区域群体生态学工作。研究方法也不相同,有实地调查,也有数学统计和模型推导,逐步完善了描述性生态学工作。但总体而言,这一时期研究较多的是植物生态学,其次是动物和微生物生态学,较少把人类本身作为自然界的一员纳入生态学研究中去。

从20世纪后半叶至今,生态系统成为生态学最活跃的研究对象,尤其是进入20世纪60年代以后,由于环境问题变得越来越严峻,生态学的研究更是得到了迅速发展。人们不仅能够运用生态学传统理论对动植物和微生物的生态学过程做出较为圆满的解释,而且在个体、种群、群落和生态系统等领域的研究中都取得了重大进展。特别是其他学科的加盟和相互渗透、计算机技术和遥测等技术的应用、系统论和控制论方法的引入,都进一步丰富并拓展了生态学的研究内容和方法。目前,人类面临的环境污染、人口爆炸、生态破坏与资源短缺等全球问题的解决,都有赖于对地球生态系统的结构和功能、稳定和平衡、承载能力和恢复能力的研究。生态学的一般理论及其分析方法也正在向自然科学的其他领域和相邻的社会学、人类学、城市学、心理学等领域渗透,现代自然科学的主导趋势之一是它的"生态学化"。

随着研究对象和内容的拓展,生态学的概念也在不断发展和完善。20世纪60年代以来出现了许多生态学的新定义。例如，美国生态学家奥德姆（E.P.Odum，1971）曾提出："生态学是研究自然界结构和功能的科学，这里需要指出的是人类也是自然界的一部分。"1997年，他又在其撰写的新书《生态学——科学与社会的桥梁》中进一步指出，起源于生物学的生态学越来越成为一门研究生物、环境及人类社会相互关系的独立于生物学之外的基础学科，是一门研究个体与整体关系的科学。我国学者马世骏（1980）也提出："生态学是一门综合的自然科学，研究生命系统与环境系统之间相互作用规律及其机理。"这些新定义进一步扩展了生态学的研究内容和对象，将研究对象从有机体推及所有的生命系统，这种生命系统除了自然的动植物外，还包含人类自身。生态学的基本定义：研究生物与生物之间、生物与非生物之间的相互关系的科学。

三、生态学研究对象

地球上的生物可以分成不同的层次或组织水平。生态学家奥德姆形象地用"生物学谱"来表示生态学研究的不同层次对象。它们分别是，基因——自然界中构成生命物质的最小单位；细胞——生物体的基本结构和功能单位；个体——生物物种存在的最小单位；种群——同种个体的集合群体，是物种得以世代遗传的保证；群落——生境中所有动植物和微生物的总和，是生态系统的重要组成部分；生态系统——生物群落与非生物环境组成的物质循环和能量流动系统，是生态学中的基本功能单位。生态学研究对象是从简单到复杂、从低级到高级的各种生命组织。当生命组织从一个层次过渡到另一个较高的层次时，就会出现一个新的性质和特征。早期生态学研究以生物个体为主，致使其难以与生物学研究对象相区别。故此，生态学作为一门单独的学科，迟迟不为人们所接受。经典生态学研究以种群和群落为主，现代生态学研究则是以生态系统为核心。

第二节 自然生态系统

一、自然生态系统的组成与特点

自然生态系统是由非生物环境和自然生物成分组成的系统。非生物环境包括气候因子（太阳辐射、风、温度、湿度等）、生物生长的基质和媒介（岩石、沙砾、土壤、空气和水等）、生物生长代谢的物质（二氧化碳、氧气、无机盐类和水等）三个方面。在自然生态系统中，生物被分为生产者、消费者、分解者。生产者主要指绿色植物，它利用光合作用将太阳能以化学键能的形式储存于有机物中。消费者指直接或间接从植物中获得能量的各种动物，包括草食动物、肉食动物和杂食动物等，人就是典型的杂食动物。分解者是指能分解动植物尸体的异养生物，主要是细菌、真菌和某些原生动物和小型土壤动物。

地球上有无数大大小小的自然生态系统，大到整个海洋、整块大陆，小至一片森林、一块草地、一个小池塘等。根据水陆性质的不同，可将地球生态系统划分为水域生态系统和陆地生态系统两大类。水域生态系统又可分为淡水生态系统和海洋生态系统两个次大类；陆地生态系统则可分为森林生态系统、草原生态系统、荒漠生态系统、高山生态系统、高原生态系统等。

任何自然生态系统都具有以下特性：①是生态学上的一个结构和功能单位，属于生态学上的最高层次；②内部具有自调节、自组织、自更新能力；③具有能量流动、物质循环、信息传递三大功能；④营养级的数目有限；⑤是一个相对稳定的动态系统。

二、自然生态系统的结构与功能

自然生态系统具有形态和营养两种结构特征。形态结构是指生态系统的生物种类、数量水平和垂直分布，以及种的发育和季相变化等。营养结构是指生态系统各组成成分间由于营养物质的流动形成的关系。自然生态系统具有自动产生物质循环、能量流动和信息传递的功能。

（一）自然生态系统中的物质和能量自产

在自然生态系统中，绿色植物通过光合作用将太阳能转换为化学能并储存在有机物中，这就是生态系统中的能量自产；同时，通过光合作用，将无机物合成为有机物，这就是生态系统中的物质自产。光合作用过程可概括为

$$6CO_2+12H_2O+ 光 \rightarrow C_6H_{12}O_6+6O_2\uparrow +6H_2O$$

生态系统中绿色植物生产能量和物质的过程称为初级生产。有了初级生产，能量就在生态系统中流动，物质就在生态系统中循环。生态系统中，除初级生产以外的生产称为次级生产，是指消费者和还原者利用初级生产进行的生产，表现为动物和微生物的生长、繁殖和营养物质的存储等生命活动过程。

（二）自然生态系统中的能量流动

在自然生态系统中，绿色植物利用光合作用将太阳能转换为化学键能储存于有机物中，随着有机物质在生态系统中从一个营养级到另一个营养级传递，能量不断沿着生产者、草食动物、一级肉食动物、二级肉食动物等逐级流动。这种能量流动是单向的、逐级的，且遵循热力学第一定律和第二定律，即能量在流动过程中，要么转换为其他形式的能量，要么以废热形式消散在环境中。能量在从一个营养级向下一个营养级流动的过程中，一定存在耗散。

生态效率是指能量从一个营养级到另一个营养级的利用效率，即在营养级生产的物质量与生产这些物质所消耗的物质量的比值。在自然生态系统中，食物链越长，损失的能量也就越多。在海洋生态系统和一些陆地生态系统中，能量从一个营养级到另一个营养级，其转换效率仅为10%，而90%的能量在流动过程中散失掉了。这一定律称为林德曼"百分之十定律"，这是自然生态系统中营养级一般不能超过四级的原因。

（三）自然生态系统中的物质循环

生态系统中的物质主要是指生物为维持生命活动所需要的各种营养元素，包括能量元素——碳C、氢H、氧O，它们占生物总重量的95%左右。大量元素是指氮N、磷P、钙Ca、钾K、镁Mg、硫S、铁Fe、钠Na；微量元素是指硼B、铜Cu、锌Zn、锰Mn、钼Mo、钴Co、碘I、硅Si、硒Se、铝Al、氟F等，它们对于生物来说，缺一不可。这些物质，从大气、水域或土壤中，通过生产者吸收进入自然生态系统，然后转移给草食动物和肉食动物等消费者，最后被还原者分解转化回到环境中。这些释放出来的物质，又一次被植物利用吸收，再次参加生态系统的物质循环。

物质循环和能量流动是自然生态系统的两大基本功能，两者不可分割，是一切生命活动得以存在的基础。如果说自然生态系统的能量来自太阳，那么构成自然生态系统所需要的物质必须由地球供给。

（四）自然生态系统中的信息传递

在自然生态系统中，种群与种群之间，同一个种群内部个体与个体之间，甚至生物与环境之间都可以表达和传递信息。信息不是物质，也不是能量，但信息必须寄载在物质上，通过能量进行传输。信息传递与能量流动和物质循环一样，都是生态系统的重要功能，它通过多种方式的传递把生态系统的各组成成分联系成一个整体，具有调节系统稳定性的功能。我们一般把信息分为基因信息和特征信息两大类。基因信息是生命物种得以延续的保证，是一组结构复制体，它记录了生物种类的最基本性状，在一定的生物化学条件下，可以重新显示发出者的全部生理特征。特征信息分为物理信息、化学信息、营养信息、行为信息四类，主要用于社会交流与通讯。

通讯是指种群中个体与个体之间互通信息的现象。只有互通信息，个体之间才能互相了解、各司其职，在共同行动中协调一致。信号是个体之间用以传递信息的行为或物质。通讯根据信息的传递途径分为以下几种：化学通讯——由嗅觉和味觉通路传导信息；机械通讯——由触觉、听觉通路进行传导，包括声音和触压方面；辐射通讯——由光感受或视觉来完成其通讯能力，视觉信号包括动作、姿势及各种色彩的展示。通讯的生态意义如下：①相互联系。通讯引导动物与其他个体发生联系，维持个体间相互关系，如标记居住场所、表示地位等级等，可以通知对方本身的存在，使行为易于被感受者所接受。②个体识别。通过通讯，动物彼此达到互相识别。③减少动物间的格斗和死亡。标记居住场所、表示地位等级，可以减少社群成员之间的竞争。④帮助各个体间行为同步化。⑤相互警告。⑥有利于群体的共同行动。

三、食物网与生态金字塔

植物所固定的太阳能通过一系列的取食和被取食在生态系统中传递，形成食物链。生态系统中各种食物链相互交错、紧密结合在一起形成食物网。自然界中的食物链和食物网是物种与物种之间的营养关系，这种关系是错综复杂的。为了简化这种复杂的关系，以便进行定量的能流分析和对物质循环的研究，于是生态学家引入了营养级的概念。处于食物链某一环节的所有生物构成一个营养级。营养级之间的关系是指某一层次上的生物和另一层次上的生物之间的关系。

在自然生态系统中，营养级之间的关系总是后一营养级依赖于前一营养级，输入到一个营养级的能量只有10%~20%流到后一个营养级。物质和能量的数量逐级传递，形成生态金字塔。生态金字塔可以是能量金字塔、数量金字塔，也可以是单位面积生物的重量即生物量金字塔。

四、自然生态系统的平衡与演替

自然生态系统的平衡是指在一定时间内，系统中能量的流入和流出、物质的产生和消耗、生物与生物之间相互制约、生物与环境之间相互影响等各种对立因素达到数量或质量上的相等或相互抵消。生态平衡是一种动态平衡，它使生态系统的结构和功能在一定时间范围内保持不变，即处于相对稳定状态。一个相对平衡稳定的自然生态系统，在环境改变和人类干扰的情况下，在一定的范围内，能通过内部的调节机制，维持自身结构和功能的稳定，保持自身的生态平衡，这种调节机制称为稳定机制。生态系统的稳定机制是有一定限度的，超出了这个限度，将造成系统结构的破坏、功能的受阻和正常关系的紊乱，系统不能恢复到原有状态，甚至导致系统的毁灭，这种状态称之为生态失衡。影响生态平衡的因素很多，主要有植被破坏、物种数量减少、食物链被破坏等。

自然生态系统演替就是生态系统的结构和功能随时间的改变，是指生态系统中一个群落被另一个群落所取代的现象。自然生态系统的演替具有自调节、自修复和自维持、自发展并趋向多样化和稳定的特点，是有规律地以一定顺序向固定的方向发展的，因而是能预见的。任何一类演替都经过迁移、定居、群聚、竞争、反应、稳定六个阶段。演替是物理环境改变的结果，但同时受群落本身的控制。演替是从种间关系不协调到协调，从种类组成不稳定到稳定，从低水平适应环境到高水平适应环境，从物种少量性向物种多样性发展，最后形成一个与周围环境相适应的、稳定的顶级生态系统（例如气候顶级生态系统）的过程。在顶级生态系统中有最大的生物量和生物间共生功能。

在自然生态系统演替各阶段中，各种物种是相互适应的，一个物种的进化会导致与该物种相联系的其他物种的选择压力发生变化，继而使这些物种也发生改变，这些改变反过来又进一步影响原有物种的变化。因此，在大部分情况下，物种间的进化是相互影响的，共同构成一个相互作用的协同适应系统。

第三节　人工生态系统与生态足迹

一、人工生态系统

人工生态系统是指有人为因素参与或作用的生态系统。人工生态系统按人为因素参与或作用的程度不同可分为低级、低中级、中级、中高级、高级人工生态系统。人工程度越高，人为主导作用越强，自然因素就越少或所起的作用就越小。例如，渔猎文明时期的社会系统是低级的人工生态系统，它的运作与自然生态系统没有多大差别；农业文明时期的社会生态系统是低中级的人工生态系统，人类培养栽种农作物、驯养禽兽，自身可以部分控制调节生态系统物质能量的生产和输出；现代化高度发达的城市属于高级人工生态系统，它本身不具备物质能量的生产和废弃物降解能力，是一个物质、能量高度集中和高度消费并产生大量废弃物的人为生态系统。人工生态系统有以下特性：

任何人工生态系统都存在于某一自然生态系统之中，并成为其消费者或调节者，可增加或减弱该系统的物质能量生产，可促进或阻止该系统的进化发展，还可修复或破坏该系统的结构和功能。其结果的好坏完全取决于人类的活动。

人工生态系统通常是以人为中心的生态系统。人是这个系统的核心和决定因素。这个系统是人根据自己的决定创造的，反过来又作用于人。因此，在人工生态系统中，人既是调节者也是被调节者。人的主观能动性对人工生态系统的形成和运行有很大影响。例如，人可以在人工生态系统中合成并利用自然界并不存在的新物质，但这些物质如果不能被自然界分解，就会危害自然界，进而危害人工生态系统自身。人工生态系统除了涉及生物人的特性，还涉及人与人之间的社会关系及经济关系。

人工生态系统中的各组成部分之间的相互作用，仍是通过物质代谢、能量流动、信息传递而进行的。物质代谢的快慢、能量流动的大小、信息传递的多少与人工程度的高低有关。

人工生态系统通常是消费者占优势的生态系统。其能量和物质相对集中，全部或部分由外环境输入,因此,它对其所在的自然生态系统有依存性。人工生态系统中,物质能量结构是金字塔、倒金字塔还是其他形状,取决于人工程度的高低。在自然生态系统中,能量和物质只是依靠食物链或食物网而流动循环,在人工生态系统中,吃、穿、住、行等都是能量和物质的流动途径。

人工生态系统通常是分解功能不充分的生态系统。由于人工生态系统中缺乏或仅存少量的分解还原者,造成其分解还原功能低下;又由于大量废物排出,导致人工生态系统中的环境受到严重污染。因此,人工生态系统无论是物质能量生产还是废弃物吸收,都依赖于外部环境系统。人工程度越高的系统,对周围环境的依赖越强。

人工生态系统的自我调节能力和自我维持能力较自然生态系统薄弱。由于人工生态系统或多或少对外界自然环境有依存性,其抗外界干扰和破坏的能力较弱,稳定性较差。

二、生态足迹

众所周知,任何自然生态系统中的资源都是有限的,只能承受一定数量的生物,否则将导致该生态系统的破坏。因此,生态学中的"容纳量"是指生活在某一自然生态系统内,不会导致该系统永久性破坏的某一种生物的数量。在人工生态系统中,由于有人为因素的参与和作用,其能量流动和物质循环涉及的范围较自然生态系统要广泛得多,其利用目的和形式也复杂多样,因此,不能将自然生态系统中的"容纳量"概念用于人工生态系统。"生态足迹"(Ecological Foot print)类似于"容纳量"应用于人工生态系统的一个概念,通常定义为:能维持某一地区人口的现有生活水平,并能消解其生产的废物所需要的可生产土地和水域面积。生态足迹理论是一种非常有效直观的理论,有利于我们转变思考问题的视角和方式,从而对目前的生态问题和可持续发展观念有更深刻和更全面的认识。生态足迹的具体计算公式为

$$EF = N[ef = \sum(aai) = \sum(C_i/P_i)]$$

式中:i 为消费商品和投入的类型;P_i 为 i 种消费商品的全球平均生产能力;C_i 为 i 种商品的人均消费量;aai 为人均 i 种交易商品折算的生物生产性土地面积;N 为人口数;ef 为人均生态足迹;EF 为总的生态足迹。在生态足迹的计算公式中,生物生产性土地面积主要考虑六种类型,即化石燃料地是人类应该留出吸收二氧化碳的土地;可耕地从生态角度看是最有生产能力的土地;林地包括人工林和天然林;草场是人类主要用来饲养牲畜的土地;建筑用地是目前人类定居和道路建设用地;水域是目前地球提供水生物产品的土地。

第四节 生物多样性与生态冗余

一、生物多样性

生物多样性可定义为生物多样化和变异性及生境的生态复杂性。它包括植物、动物和微生物物种的丰富程度、变化过程以及由其组成的复杂多样的群落、生态系统和景观。生物多样性一般有三个水平，即遗传多样性，指地球上各个物种所包含的遗传信息的多样化；物种多样性，指地球上生物种类的多样化（由生物群落中物种的数目及其分配状况来衡量）；生态系统多样性，指的是生物圈中生物群落、生境与生态过程的多样化。

生物多样性是地球上经过几十亿年发展进化所形成的生命状态的总体特征，也是人类社会赖以生存和发展的重要物质基础，是自然科学、社会科学、旅游观赏、文化历史、精神文明等多门学科教育和研究的重要材料。每一种生物都是大自然的杰出创造和人类的宝贵财富，失去则不可复得。Helliwell（1969）将生物多样性的价值归纳为七个方面：①直接收入——通过旅游观赏、考察、钓鱼、狩猎和采摘果实等活动直接获得物质和经济收入；②遗传库——每种生物都是一个遗传库，其中遗传物质的保存有利于动植物品种改良等，并且是提供新医药、新食品的来源；③维持生态平衡——动植物自然种群保障了生态系统的稳定，如：可以避免有害生物的大爆发；④教育价值——通过直接或有趣的方式，让人们知道生物世界是如何产生功能的，使人们从中得到教育；⑤科学研究价值——生物多样性是人们研究生物学问题的材料，并且有益于科研工作者的训练；⑥满足自然爱好——生物多样性为一些业余的自然爱好者提供兴趣基础，也为摄影家、艺术家、诗人等提供题材；⑦地方特征——某些地方特有的生物多样性成为其地方特征。

由于人类活动的不断增加和无节制的索取、滥捕乱猎活动和各种有毒物质的使用，导致了生物栖息地的减少和改变；大量生物死亡，导致生物多样性趋于枯竭或绝灭。世界自然保护联盟的科学家在 2007 年对全球 4 万种动植物进行了调查，统计结果显示：1/3 的两栖动物、1/4 的哺乳动物、1/8 的鸟类和 7/10 的植物被列为"极危""濒危""易危"三个级别，都属于生存受到威胁的物种；面临灭绝危机的动植物比 2006 年增加了 188 种，已达到 16306 种，占被评估全部物种的 40% 左右。因此，生物多样性的保护已迫在眉睫。

二、生态冗余

冗余是指系统为了保证自身正常运转或相对稳定，所具有的某种储备或调节机制。例如，对于一个机械系统而言，其零件总是有一定寿命的，它们不可避免地会发生故障。为保障系统的正常运转，就必须为系统配备一定数量的零件，这种备件就是机械系统的冗余。没有冗余的系统是脆弱的，经不起随机事件的干扰。生态冗余是指自然生态系统或生命有机体为了自身的发展及保证自身结构和功能的稳定所做出的一种战略性储备或调节机制。生态系统中各种营养级的存在就是一种营养结构的冗余。当生态系统的某种植食动物遭受捕食者的过度猎杀或因外界干扰其种群数量大幅度下降时，只要还有其他种类的植食动物可供捕食者捕猎，就不会导致该植食动物的毁灭。同样，捕食者由于有多种猎物可捕食，也不会因某一种猎物毁灭而立即灭绝。这样，食物网就比食物链更能使生态系统结构稳定。实践经验已经表明，生态系统越复杂，生物多样性越丰富，则其结构和功能越稳定，也越能抗拒外界的干扰和破坏。因此，生物多样性是自然生态系统生态冗余的重要体现。众所周知，人工农业生态系统，由于物种单一，很容易遭到虫害；原始的热带雨林中，不会出现昆虫"爆发"的现象，但在人工林里就很容易产生"爆发"现象。例如，营造马尾松纯林，容易被松毛虫毁灭，但营造针阔混交林，就没有这种现象。这些都是由于生态冗余不同产生的结果。

第五节 生物与环境之间的关系

一、环境对生物的选择

环境是影响生物个体或群体生存和发展的一切事物的总称，可分为非生物环境和生物环境。非生物环境是指气候因素、土壤因素、地形因素等。气候因素包括光照、温度、湿度、降水、风和气压等；土壤因素主要指土壤的各种特性，如土壤结构、有机物和无机物的营养状态、酸碱度等；地形因素包括地面各种特征，如坡度、坡向、海拔高度等。而生物环境是指某一生物的同种其他个体或异种生物，也包含人为因素。任何一种环境都包含了很多因素，这些因素在生态学中称为生态因子。在生态因子中，对生物生长、发育、生殖、行为和分布起决定作用的因子称为主导因子。

环境是生物赖以生存的基础，生物必须从环境中获取物质和能量才能生存和发展。每一种生态因子都对生物有或多或少、直接或间接的作用，并且这种作用随着作用对象、时间和空间的变化而有所不同。任何一种生态因子在数量上或质量上的不足或过多，都会影响生物的生存和分布，也就是说，某种生态因子只要接近或超过生物的耐受范围，就会成为这种生物的限制因子。环境中各种生态因子对生物的作用虽然不尽相同，但都各具重要性，它们不是彼此孤立而是相互联系、共同对生物产生影响。主导因子对生物的影响起绝对作用，其变化会引起其他因子也发生变化。从总体上来讲，生态因子（尤其是主导因子）之间是不可替代的，但生态因子之间有时是可以局部相互补偿的。

各种生态因子对生物的共同作用表现为环境对生物的选择。环境对生物的选择将有利于那些能最大限度地将自身基因或复制基因传递到未来时代的个体。自然选择不仅在过去起作用，而且在现在和未来也起作用。

二、生物对环境的适应

生物对环境的适应是指生物为了生存和发展，不断地从形态、生理、发育或行为各个方面进行自身调整，以适应特定环境中的生态因子及其变化。不同环境会导致生物产生不同的适应性变异，这种适应性变异可以表现在形态、生理、发育或行为等各方面。如果生物的适应性变异能遗传给下一代，则这种适应称为基因型适应，否则称为表型适应。物种通过漫长的进化过程，调整遗传成分以适合改变的环境条件称为进化适应；生物个体通过生理过程的调整以适合于气候条件、食物质量等环境条件改变称为生理适应。例如，在同一分类单位中，恒温动物的大型种类，趋向于生活在寒冷的气候中，而其突出部分在低温环境中，有变短变小的趋势；生物个体感觉器官随着它们所能够感觉到的环境刺激的改变而进行调整称为感觉适应。动物通过学习以适应环境变化称为学习适应。

因为有种间竞争、种内竞争、捕食关系或寄生关系等，所有的生物始终处于选择压力之下。它们很少生活在其最适宜的环境内，而大多是生活在较适宜的栖息地内，在那里，它们能够最有效地竞争，获得最大的生态利益。生物虽然可以通过改变环境因素，采取多种方式来调整适应环境，却始终不能逃脱生态因子的限制作用。动物的任何行为都是以给自己带来收益为目的，同时也会为达到此目的付出一定代价，自然选择总是倾向于使动物从所发生的行为中获得最大的净收益。

环境对生物的选择是进化的动力，生物对环境的适应则是进化的结果，而作用于生物的选择压力又决定着进化和适应的方向。现存生物是自然界长期选择或生物长期适应的结果，具有较强的环境适应能力，能充分有效地利用环境资源。

第六节　生物与生物之间的关系

一、竞争与生态位

　　生物的资源是指对某一种生物有益的任何客观实体，包括栖息地、食物、配偶，以及光、温度、水等各种生态因子。竞争是指生物为了利用有限的共同资源，相互之间产生的不利或有害的影响，通常只有在生物所利用的资源是共同的，而且资源是有限的情况下才会产生。它包括间接竞争和直接竞争。间接竞争是指生物之间没有直接行为的干涉，而是双方各自消耗利用共同资源，由于资源可获得量减少从而间接影响对方的存活、生长和生殖。直接竞争也称相互干涉性竞争，如动物之间争夺食物、配偶、栖息地等发生争斗。竞争又分为种内竞争和种间竞争。种内竞争由于个体在遗传上是等价的，有相同的资源要求，且在结构、功能和行为适应上也比较相似，因此较种间竞争激烈。种间竞争发生在不同物种需要某些共同资源的地方，取决于需求资源的相似程度和资源的缺少程度。种内竞争有调节种群密度的作用，种间竞争可以导致物种分化和新物种的形成。

　　生态位又称为生态龛，是指生物在一定层次、一定范围内生存发展时所需要的条件（包括物质、能量、空间、时间）和能够发挥的作用——对该范围内的"生态环境"的影响，也可理解为生物在特定的生态系统中所处的"位置"或"地位"。这里的"位置"不仅指生物占据的空间位置、生活的时间范围，还指适于生物生存和发展的其他生态因子的范围，以及生物能利用的特定资源条件；这里的"地位"不仅指生物在食物链或食物网中所起的作用，还指生物在生态系统中其他方面所起的作用和所发挥的功能。因此，生态位分为生境生态位和功能生态位。生境生态位是指能为生物利用或占有的环境因素的范围或位置。例如，生物生活所处的空间和时间段，适于生物生存的温度、湿度、土壤物性范围等。功能生态位是指生物在生态系统中所起的作用和所处的地位，也就是生物在所有关系网中扮演的角色。例如，自然生态系统中，生物在食物链或食物网中的位置就是其营养生态位。生态位按照是否为生物自身创造和生产，分为自产生态位和非自产生态位。生态位含义广泛，是一种多维概念。

　　一个物种只能生活于环境因素的特定范围内，只能利用某些特定的资源条件，只能占有特定的时间、空间段。因此，每个物种在群落中都有不同于其他物种的生态位，它不仅决定了生物在哪里生活，而且决定了它们如何生活。生物的生态位可能随时间、空间的变化而发生变化。即使是在同一空间里，同一种生物在不同的发育阶段或不同性别，它们的生态位所需要的营养也不相同。例如，蝌蚪是植食性动物，发育成熟后的青蛙则是肉食性动物。

不同物种的生态位越相似，竞争就越激烈。生态位相似的两种生物不能在同一地方永久共存。也就是说，在同一生态位不可能长久地存在不同的物种。如果在某个时间段共存两种不同的物种，随着时间的推移，要么其中一种物种消失，要么发生生态位分离。因此，在漫长的进化过程中，在种内竞争和种间竞争的作用下，生活在同一地区的不同物种必然在生态位上形成各种差别。

二、集群效应与领域行为

集群是指同种生物个体生活在一起的现象。根据群体生活时间长短，集群可分为临时性集群和永久性集群。集群原因复杂多样，主要有以下几种：对资源（食物、光照、温度、水等）的共同需要；对昼夜天气或季节气候的共同反应；繁殖、被动运输的结果以及个体之间的社会吸引等。同种个体在一起生活产生的有利作用称为集群效应。集群效应的优点：有利于提高捕食效率；有利于共同防御敌害；有利于改变小生境；有利于提高学习效率和工作效率；有利于繁殖。

集群效应只有在足够数量的个体参与聚群时才会产生。因此，对于一些集群生活的动物种类，如果数量太少，低于集群的临界下限，则该动物种群就不能正常生活，甚至不能生存，这就是所谓的"最小种群原则"。但是，随着群体当中个体数量的增加，当密度过高时，由于食物和空间等资源缺乏，排泄物的毒害及心理和生理反应，则会对群体带来不利的影响，导致死亡率上升，抑制种群的增长，产生所谓的拥挤效应。由于自然长期选择与生物长期适应的结果，种群密度高低及分布特点反映了环境条件的优劣。种群密度的高低与生物个体大小和食性相关。一般来说，植食动物比肉食动物密度高，食性相似的动物，个体大的密度小。

每种生物的种群密度都有一定的变化范围，最大密度是指特定环境所能容纳某种生物的最大个体数，最小密度是指种群维持正常繁殖、弥补死亡所需要的最小个体数，最适密度是指使种群增长最快的密度。在一定条件下，当种群密度处于最适密度时，种群增长最快，密度太高或太低，都会对种群的增长起到限制作用。

领域是指动物个体、配偶、家族等活动并受其保护、不让其他动物进入的区域或空间。领域作用具有以下特性：排他性——不允许其他动物，通常是同种动物进入；伸缩性——领域的大小与物种种类、生态条件与时间变化有关；替代性——当领域的占有者被移去或死亡后，它们的领域很快被其他者占领。领域行为的生态学意义可以归纳如下：隔离作用——领域行为将可利用的栖息地划分成若干单位，能够促进个体或群体合理分布，减少种内竞争，防止过度拥挤和食物不足。调节数量——领域划分具有调节种群数量的作用。特定的环境只能给动物提供有限数量的领域，不能获得领域的动物不能繁殖，因此，领域行为能够将种群数量维持在环境的容纳量之下；当占有领域的动物死亡时，那些不能获得领域的动物则有机会获得领域进行繁殖，从而能够避免种群数量下降。有利于生物繁殖——鸟类就是领域行为能够促进繁殖的成功范例。自然选择作用——领域行为剔除了弱小的个体，因此成为一种进化的力量。在具有领域行为的物种当中，那些不能建立领域和保护领域的个体不能繁殖，因此它们的遗传特性不能传递到后代。

三、社会等级与种间关系

社会等级是指生物群体当中生物个体各自有一定的等级地位。等级地位较高的优势个体比等级地位较低的从属个体优先获得资源，满足其食物、栖息场所、配偶等需要，群体内部这种个体之间的等级关系就称为社会等级或优势顺序。社会等级发生在封闭式的群体中，主要有三种基本形式：长式——社群中的所有个体只受一个优势个体支配，其他成员没有等级差别；单线式——社群中的每个个体都有一定的地位，甲支配乙、乙支配丙、丙支配丁……也称逐食等级；循环式——也称三角式，甲支配乙、乙支配丙，丙支配甲。社会等级对于生物有以下生态学意义：①非争斗性地获得有限资源。个体之间可以通过通讯、威胁等方式来代替格斗，减少伤害。②调节种群的数量。优势个体能在竞争中获得领地和配偶，能成功地进行繁殖和生育，而从属个体则不能生存繁殖。由此，社会等级具有控制种群数量增长的作用。③起到自然选择的作用。当资源不足时，优势个体可以优先获得食物等资源而生存，从属个体则首先出现饥饿和死亡，从而剔除弱小个体的基因遗传，成为一种进化力量。

种间关系是指不同物种种群之间的相互关系。两个种群之间的相互关系既可以是直接的，也可以是间接的。

生态学是研究生物有机体与其环境之间相互关系的学科，其研究对象是生命系统，从低到高可分为基因、细胞、生物个体、种群、群落和生态系统六个层次。

自然生态系统由生物群落和非生物环境组成，通过生产者、消费者、分解者，建立食物链和食物网，具有能量流动、物质循环和信息传递的功能。自然生态系统通过内部的调节机制维持动态平衡和相对稳定，其结构和功能随时间从简单到复杂、从低级向高级、从不稳定向稳定方向演化。人工生态系统是指有人为因素参与或作用的生态系统，它以人为主体和核心，一般是消费者占优势、物质能量相对集中的生态系统，或多或少依赖于周围自然生态系统的支撑。生态足迹是用于人工生态系统、描述人类生活所需要的资源量的一个概念，通常是指能维持某一地区人口的现有生活水平，并能消解其生产的废物所需要的可生产土地和水域的面积。生物多样性是指生物多样化和变异性及生境的生态复杂性，是地球上经过几十亿年发展进化的生命总和，是人类赖以生存的物质基础。生态冗余是生命有机体为了自身的发展及保证自身的结构和功能稳定所做出的一种战略性储备对策。生态系统中生物多样性越好、生态冗余越大，系统越稳定。生物依赖其生境获得能量和物质，同时在环境选择中通过适应环境得以生存和发展。生态位指生物在其所处环境中的位置和地位，它决定了生物的生活方式。生物通过种内竞争和种间竞争以获得生态位。同种生物间通过集群效应和领域作用优化种群，并通过等级制度的建立避免冲突，维持相对稳定。从有益于自然生态系统演化发展的观点看，种间各种关系对双方都是"有利"的，它们之间是协同进化的。

第二章 园林建筑设计

第一节 设计过程与方法

一、准备阶段

(一) 园林建筑设计方向准备

园林除了是群众休闲娱乐的场所之外,其对内的使用功能也十分重要,园林中建筑的功能主要从娱乐与服务两个角度说起。

娱乐性是园林的特色所在。在园林中,群众可以暂时歇脚抑或游赏美景,因此建筑中要借助审美专家的眼光来创设情境,像湖中小船、建筑观光梯、园林小桥等都能够展现园林特征,满足群众赏玩的需求。

服务性功能的设计更加注重综合性。在园林建筑中,提供生活类的产品是提升群众满意度的重要环节,在众人赏玩劳累之时,要在适当位置建造购物平台、卫生间、轻便旅店等,方便群众购买必需品。针对园林内部的工作人员来说,建筑中要涵盖办公场所、会议室、管理间、仓库暗房等设施,满足管理人员对整个园区监督改造的需求。

(二) 地形、植物、水体设计准备

1. 地形与园林建筑设计准备

(1) 地形对建筑布局及形体设计的影响。在传统风景园林建筑设计中常推崇的结构形式为"宜藏不宜露、宜小不宜大",提倡园林建筑结构与自然环境相互融合,即园林建筑布局、结构风格设计时,需要与场地原有地形协调一致,即园林建筑适应场地原有地形。此外,园林楼亭建筑设计中,常通过廊连接各个楼亭,不破坏原有建筑风格。

而现代园林建筑结构设计时,首先需要考虑园林周边地形起伏,采用埋入式建筑结构可与周边地势、自然景观等协调一致。例如,杭州西湖博物馆整个结构以埋入地下式为主,其顶部采用绿植种植在起伏地表面,建筑与湖滨绿化带自然融合,以不破坏自然环境为根本,内敛含蓄地隐藏在环境中。

（2）建筑设计以地形的视觉协调为依据。在园林建筑设计时，可以将建筑和周边地形放在一起设计，形成清晰的建筑轮廓线，提高园林建筑的艺术效果。因此需要提高对园林建筑风格、结构轮廓、周边地形三者之间的研究。在风景园林建筑设计时，需要充分考虑地形与建筑风格的关系，以形成完美的天际线，提高园林建筑的设计效果。

当园林建筑设计时，若地形的起伏状况超出建筑结构的尺寸时，则形成建筑结构以周边地形为背景，即建筑为图、自然环境为底；若地形起伏尺寸与建筑结构相一致时，需要使建筑结构适应自然地形，即园林建筑因地制宜。而对于沙漠风景建筑是模仿自然山体姿态，其建筑风格如高山耸立，从而与平坦的沙漠形成鲜明的对比，但是建筑材料与沙漠元素基本一致，又形成了建筑与自然的融合。

根据笔者多年园林建筑设计经验可知，地形可以与建筑有效融合形成空间风景，且可以利用地势遮挡建筑结构设计中的不足。因此，在建筑结构设计中，园林设计人员应适当改造周边地形，指引人们的视线，确保人们欣赏到风景园林的完美风貌；同时，还可以利用地形地貌将建筑结构划分成不同的结构体，既实现不同结构体的功能需要，又减小了建筑体的外形体积，减轻对周边自然环境的压迫感。

2. 植物与园林建筑设计准备

由于植物的色彩、形态、大小、质地等不同，它丰富了园林的风景，是风景园林设计中不可缺少的元素之一。

（1）植物配置影响建筑布局和空间结构。在风景园林设计中，需要最大限度保留原有植物的完整性，维持原有生态的平衡。可以采取紧凑建筑布局，减少占用过多的绿化面积。园林的建筑设计需要采用多种风格，与场地周边的环境保持一致。

在园林建筑设计中需要尽可能地减少建筑面积来避免破坏自然环境。在建筑施工工艺选择时，可以修建架空平台来减少挖掘土方面积，从而尊重自然环境的生态平衡，实现园林建设结构与自然环境和谐共存的目标。

同时，在园林建筑附近适当地种植绿植可以有效地分割、构建建筑物的外轮廓，使建筑物的空间感更加明显。此外，种植灌木、乔木、草皮等可以形象地衬托出风景园林的硬质界面，增强建筑结构的色彩和质感，弥补建筑立面和地面铺装的协调不足，创建完善的风景园林环境。

（2）植物特征有提高建筑的审美效用。植物是人、建筑、自然三者之间的桥梁，可以将建筑形体和视觉感受完美地统一起来。从美学视角观察植物与风景园林的关系，它可以使建筑物具有层次感和生命力，并将园林建筑与自然风景融为一体，也可联系建筑内外空间，从而实现协调整体环境视觉审美的目的。

同时，利用植物的植冠高低，可以营造一种高低起伏的绿色美景。例如，在地势起伏区域种植一片可供观赏的灌木，并在其背后种植高大的常绿乔木，形成一幅美不胜收的绿海美景。

3.水体与园林建筑设计准备

在园林设计要素中，以山石和水的关系最为密切，而传统的风景园林中不可缺少的元素则为水，传统中国山水园可成为"一池三山、山水相依"的山水园。

（1）建筑与水体互相映衬。若在风景园林建筑设计时，在低洼区域设计为水塘，并在其上设置楼亭，从而使楼亭建筑与水面融为一体，营造一种楼亭漂浮于水面的假象。人与水具有密切的关系，需要在风景园林中体现人与水的密切关系，可以在园林建筑群周边布置小溪，使建筑物充满生机活力，如苏州的沧浪亭，在园外环绕一池绿水，与假山形成一幅山水画，从而体现了建筑的艺术风格。

（2）水体调节园林气候，改善小范围内的生态环境。众所周知，水体蒸发后可以增加周围空气的水分，改善周围环境的湿度和温度，在一定范围内调节环境和气候，维持小范围内的生态平衡。并且在水体中养殖鱼、观赏花，可增强园林的动态美，为风景园林建筑的整体效果增添生机和活力。

综上所述，在风景园林建筑设计中，需要注重对地形、植物、水体等元素的设计，它们可以弥补风景园林建筑的布局、空间、功能等设计上的不足。同时，需要充分利用自然环境创造的自然美，为实现人、自然、建筑三者之间的和谐做出贡献。

二、设计阶段

各种项目的设计都要经过由浅入深、由粗到细、不断完善的过程，风景园林设计也不例外。它是一种创造性工作，兼有艺术性和科学性，设计人员在进行各种类型的园林设计时，要从基地现状调查与分析入手，熟悉委托方的建设意图和基地的物质环境、社会文化环境、视觉环境等，然后对所有与设计有关的内容进行概括和分析，寻找构思主线，最后拿出合理的方案，完成设计[1]。

设计过程一般包括接受设计任务书、基地现场调查和综合分析、方案设计、详细设计、施工图、项目实施等六个阶段。每个阶段有不同的内容，需要解决不同的问题，对设计图纸也有不同的要求。

（一）任务书阶段

接受设计任务书阶段是设计方与委托方之间的初次正式接触，通过交流协商，双方对建设项目的目标统一认识，并对项目时间安排、具体要求及其他事项达成一致意见，一般以双方签订合同协议书的形式落实。

设计人员在该阶段应该利用与对方交流的机会，充分了解设计委托单位的具体要

---

1 贾红艳.园林建筑小品种类及其在园林中的用途[J].山西林业，2009（5）.

求、有哪些意愿、对设计所要求的造价和时间期限等内容，为后期工作做好准备。这些内容往往是整个设计的基本要求，从中可以确定哪些值得深入细致地调查和分析、哪些只要做一般的了解。在任务书阶段很少用图纸，常用以文字说明为主的文件。

（二）基地调查和分析阶段

掌握了任务书阶段的内容之后就应该着手进行基地现状现场调查，收集与基地有关的材料，补充并完善所需要的内容，对整个基地及环境状况进行综合分析。

基地现状调查是设计人员到达基地现场全面了解现状，并同图纸进行对照，掌握一手资料的过程。调查的主要内容如下，①基地自然条件：地形、水体、土壤、植被和气象资料。②人工设施：建筑及构筑物、道路、各种管线。③外围环境：建筑功能、影响因素、有利条件。④视觉质量：基地现状景观、视域等。调查必须深入、细致。除此以外，还应注意在调查时收集基地所在地区的人文资料，掌握风土人情，为方案构思提供素材。基础资料主要指与基地有关的技术资料。⑤图纸：如基地所在地区的气象资料、自然环境资料、管线资料、相关规划资料、基地地形图、现状图等，这些资料可以到相关部门收集，缺少的可实地进行调查、勘测，尽可能掌握全面情况。

综合分析是建立在基地现状调查的基础上，对基地及其环境的各种因素做出综合性的分析评价，使基地的潜力得到充分发挥。基地综合分析首先分析基地的现状条件与未来建设的目标，找出有利与不利因素，寻找解决问题的途径。分析过程中的设想很有可能就是方案设计时的一种思路，作用之大可想而知。综合分析内容包括基地的环境条件与外部环境条件的关系、视觉控制等，一般用现状分析图来表达。

收集来的材料和分析的结果应尽量用图纸、表格或图解的方式表示，通常用基地资料图记录调查的内容，用基地分析图表示分析的结果。这些图常用徒手线条勾绘，图面应简洁、醒目、说明问题，图中常用各种标记符号，并配以简要的文字说明或解释。

（三）方案设计阶段

前期的工作是方案设计的基础和基本依据，有时也会成为方案设计构思的基本素材。

当基地规模较大及所安排的内容较多时，就应该在方案设计之前先做出整个园林的用地规划或布置，保证功能合理，尽量利用基地条件，使诸项内容各得其所，然后再分区、分块进行各局部景区或景点的方案设计。若范围较小、功能不复杂，实践中多不再单独做用地规划，而是可以直接进行方案设计。

1. 方案设计阶段的内容

方案设计阶段本身又根据方案发展的情况分为构思立意、布局和方案完善等几部分。构思立意是方案设计的创意阶段，构思的优劣往往决定着整个设计的成败与否，优秀的设计方案需要新颖、独特、不落俗套的构思。将好的构思立意通过图纸的形式表达出来就是我们所讲的布局。布局讲究科学性和艺术性，通俗地讲就是既实用又美观。图面布局的结束同时也是一个设计方案的完成。客观地讲，方案设计首先要满足功能的需求，满足功能可以由不同的途径解决问题，因此实践中对某一休闲绿地的方案设计可能一个还不行，有时需做出 2～3 个方案进行比较，这就是方案的完善阶段。通过对比分析，并再次考虑对基地的综合分析，最终挑出最合理的一个方案进行深入完善，有时也可能是综合几个方案之所长，最后综合成一个较优秀的方案向委托方进行汇报。

该阶段的工作主要包括进行功能分区，结合基地条件、空间及视觉构图，确定各种使用区的平面位置（包括交通的布置和分级、广场和停车场的安排、建筑及入口的确定等内容）。方案设计阶段常用的图纸有总平面图、功能分析图和局部构想效果图等。

2. 方案设计的要求和评价

方案设计是设计师从一个混沌的设想开始，进行的一个艰苦的探索过程。由于方案设计要为设计进程的若干阶段提出指导性的文件并成为设计最终成果的评价基础，因此，方案设计就成为至关重要的环节。方案设计的优劣直接关系到设计的成败，它是衡量设计师能力高下的重要标准之一。因为，一开始如果在方案上失策，必将把整个设计过程引向歧途，难以在后来的工作中得以补救，甚至造成整个设计的返工或失败。反之，如果一开始就能把握方案设计的正确方向，不但可使设计满足各方面的要求，而且为以后几个设计阶段顺利展开工作提供了可靠的前提。

面对若干各有特点的比较方案如何选择其中之一作为方案发展的基础呢？这就需要对各方案进行评价工作。尽管评价始终是相对的，并取决于做出判断的人、做出判断的时刻、判断针对的目的以及被判断的对象，但是，就一般而言，任何一个有价值的方案设计应满足下列要求：

（1）政策性指标包括国家的方针、政策、法令，各项设计规范等方面的要求。这对于方案能否被上级有关部门获准尤为重要。

（2）功能性指标，包括面积大小、平面布局、空间形态、流线组织等各使用要求是否得到满足。

（3）环境性指标，包括地形利用、环境结合、生态保护等条件。

（4）技术性指标，包括结构形式、各工种要求等。

（5）美学性指标，包括造型、尺度、色彩、质感等美学要求。

（6）经济性指标，包括造价、建设周期、土地利用、材料选用等条件。

上述六项是指一般情况下对比较方案进行评价所要考虑的指标大类。在具体条件下，针对不同评价要求，项目可以有所增减。

由于方案阶段是采取探索性的方法产生粗略的框架，只求特点突出，而允许缺点存在，这样，在评价方案时就易于比较。比较的方法首先是根据评价指标体系进行检验，如果违反多项评价指标要求，或虽少数评价指标不满足条件，但修改却困难，即使能修改也使方案面目全非失去原有特点，则这种方案可属淘汰之列。反之，可进行各方案之间的横向比较。

（四）详细设计阶段

方案设计完成后，应按协议要求及时向委托方汇报，听取委托方的意见和建议，然后根据反馈结果对方案进行修改和调整。方案定下来后就要全面对整个方案进行各方面的详细设计，完成局部设计详图，包括确定准确的形状、尺寸、色彩和材料，完成平面图、立面图、剖面图、园景的局部透视图及表现整体设计的鸟瞰图等。

（五）施工图阶段

施工图阶段是将设计与施工连接起来的环节。根据所设计的方案，结合各工种的要求分别绘制出能具体、准确地指导施工的各种图纸。

施工图应能清楚、准确地表示出各项设计内容的尺寸、位置、形状、材料、种类、数量、色彩及构造和结构，完成施工平面图、地形设计图、种植平面图、园林建筑施工图、管线布置图等。

（六）施工实施阶段

工程在实施过程中，设计人员应向施工方进行技术交底，并及时解决施工中出现的一些与设计相关的问题。施工完成后，有条件时可以开展项目回访活动，听取各方面的意见，从中吸取经验教训。

三、完善阶段

（一）提高绿化设计水平，实现绿管流程科技化

按照"做一流规划，建一流绿化"的理念，聘请高资质、高水平的园林绿化设计单位编制绿化工程设计方案。对一些重大城市园林绿化设计方案，要通过报纸、电视等形式向社会公告。组织人员到国内园林绿化先进城市学习，邀请专家授课，开阔眼界，丰富城市园林绿化内容。完善绿地信息化管理系统（GIS）的使用，在协调规划局提供市域范围地形图的基础上，完成绿地信息化地图，动态管理城市绿地，优化绿化养护工作流程，在合理地利用人力、财力和物力资源投入下，提高绿化管理工作的效率，做好园林绿化养护管理的质量跟踪、督察指导，实现宏观管理、科学管理。

（二）优化道口绿化景观，实施绿地景观提升

对城乡主要道路沿线进行绿化环境整治，完成高速公路匝道及互通景观提升、高铁沿线两侧绿化及城乡主干道沿线绿化环境综合整治，提升城市形象，优化景观效果，构筑生态廊道。对城区道路景观进行总体策划，通过绿化景观小品，将城市道路的景

观格局与当地历史、经济、文化、军事等多方面的城市文化主要脉络相整合，建设一批以文为魂、文景同脉、厚史亮今、精品传世之作。

（三）突破城乡分隔，推进全市集镇绿化

突破城乡分隔、中心城区与周边片区相互独立的绿化格局，有计划、有步骤地推进城区绿化向农村延伸，中心城区向周边片区辐射，粗放型绿化向景观型绿化转变。加强乡镇公园绿地、道路绿化、河道绿化建设，推动缺乏大型综合性公共绿地的乡镇加快建设。同时结合各乡镇特点，延伸建设多条生态廊道，充分利用自然生态，构建科学合理的城乡生态格局，形成全市域分层次、全覆盖的绿地空间。按照率先基本实现现代化的城镇绿化覆盖率指标，指导全市各镇（街道）推进集镇绿化建设，利用一切空间、地段绿化造林，并对原有绿化进行改造，提升品位档次，实现全市城镇绿化覆盖率提升到40%以上。

（四）开展损绿专项整治，切实保障绿化成果

规范城市绿化"绿线"管制制度和"绿色图章"制度。城市规划区内的新建、改建、扩建项目，必须办理《城市绿化规划许可证》，并按批复的内容和标准严格实施。严格绿线管控，采取切实有效的措施。市园林绿化行政主管部门要强化依法行政管理职能，对各类建设工程项目中的绿化配套，违法占绿、毁绿、毁林行为，以及临时占用城市绿地，修剪、砍伐、移植城市树木和古树名木迁移等行为严格审批和查处。

（五）注重绿化的整体规划，满足多样需求

城市园林绿化要以满足人性需求、满足生态需求、满足文化需求为原则，加强整体规划。首先按照宜居园林城市的建设标准，在居住区内建设与其面积、人口容量相符合的园林绿地，同时在城市每500米范围内建设可入型绿地。在此基础上，大力推进城市慢性系统的建设，与内河的绿廊建设结合形成遍布全城的绿色网络。其次将自然作为规划设计的主体，生态环保是永恒的主题，要顺应自然规律进行适度调整，尽量减少对自然的人为干扰。最后要把城市文脉融入园林绿化，形成城市园林特色。应针对大到一个区域、小到场地周围的自然资源类型和人文历史类型，充分利用当地独特的造景元素，营造适合当地自然和人文景观特征的景观类型。

（六）注重乡土树种的培育，倡导节约型园林绿化

乡土树种是经过长期的自然进化后保存下来的最适应当地自然生态环境的生物材料，是当地园林绿化的特色资源，同时对病虫害、台风等自然灾害的抗逆性极强，可以一定程度上减少管护成本。在城市园林绿化建设中应考虑多采用乡土树种，减少对棕榈科植物的运用，这样既保证足够的生物量和绿量，又达到了适宜当地环境、减少病虫害危害及空气净化效果好的目的，减少后期的管护运营资金投入。

（七）注重古树名木的保护，展现文化内涵

古树名木既是一个城市沧桑发展的见证，也是城市历史和文化的积淀，是城市绿化的灵魂。以有效保护古树名木为前提，因地制宜开发古树景观，开展古树观光旅游。在整体优化古树文化旅游环境的基础上，通过竖牌立碑等方式广泛宣传古树文化；给濒死、枯死古树名木旁添植同树种，以延文脉；以古树名木为对象录制光碟、出版画册、读物等，丰富文化旅游产品，扩大古树名木影响。古树名木作为现代生态旅游的重要资源，为城市建设锦上添花。

（八）注重科技创新，提升发展后劲

园林绿化不仅要在硬件上下功夫，还应加大科技创新，使园林事业发展转到依靠科学技术进步上来。要针对园林绿化技术水平还相对落后、栽培养护管理措施较为粗放、专业技术人员和技术工人相对缺乏等问题，进一步加强园林绿化技术队伍建设和人才培养；加大科技投入，设立园林科研专项经费用于植物品种的优选培育、病虫害防治、园林设计、绿化养护及生物多样性等科学研究；加强与国内外先进地区交流，积极引进和采用新技术、新工艺、新设备，为城市园林建设提供科技支持。

四、思维设计特征与创新

现代园林建筑设计思维方法的确立是一个继承与创新的过程。随着社会的发展，不同的经济发展阶段所呈现的建筑设计思维方法也是有所不同的。而建筑设计思维特征的创新除了需要把握思维主体的变化外，还需要考虑建筑设计思维客体的对立和统一。本节主要立足于当前我国的建筑设计行业的发展现状，详细分析了随着社会的发展，未来我国建筑设计思维方法的创新和发展趋势。

当前，随着我国建筑业的蓬勃发展，国内建筑设计方面的研究明显跟不上建筑业的整体发展，尤其是建筑设计思维方法的研究，还存在许多不足之处。我们要进行好建筑设计思维方法的创新研究，寻找到其中的发展规律，把握时代发展特征，寻找到思维创新的突破点。当然，探索传统建筑设计思维方法存在的不足，理清建筑设计思维方法的内在联系，对于建筑设计思维方法的创新与发展具有极其重要的作用。

（一）传统园林建筑设计思维

1. 园林建筑设计的基本方法

（1）平面功能设计法。平面设计是建筑设计的一项重要内容，它对于解决建筑功能问题发挥有着重要作用。建筑平面设计能够很好地展示建筑设计的平面构想。虽然建筑是一个立体三维定量，单一的平面或是局部讨论是无法体现建筑设计概念的整体性的。但是，建筑平面设计对于建筑设计的使用还是十分必需的。一方面，平面设计

的好坏直接关系到建筑物的使用功能。而平面设计的流线分析设计也能使建筑功能较为合理。平面流线设计是一种常见的建筑设计方法，主要是先通过平面设计来分析用地关系，了解建筑物的用途，从建筑功能出发，进行合理的平面功能的组合分析，并且还要在平面设计的基础上来考虑建筑的空间设计等。

（2）构图法。现代建筑设计的另一种基本方法是构图法。构图法主要是针对现代建筑的空间、体量等几何形体要素的设计方法。通过构图来分析建筑空间各几何要素之间的关系，进而分析出建筑的比例、结构、平衡等建筑规律。而建筑设计构图法的使用，必须建立在设计师提前对建筑定位的基础之上。只有首先知晓建筑的准确定位，才能对其几何空间形态进行科学、合理的构图设计。

（3）建筑结构法。结构法是另一种十分重视建筑结构的设计方法，它主要通过建筑的结构形态来展现建筑设计理念。建筑设计的结构主义与建筑物的空间关系十分密切，可以通过建筑物的结构设计来表现建筑物的性质。而建筑的结构设计也能够适时地演变为建筑物的装饰环节。建筑结构的展现，是对建筑物空间结构内容的一种展现，它能够帮助人们加深对建筑内容多样性的判断。

（4）综合设计法。大部分现代建筑设计并不是针对单一建筑而言的，许多群体性建筑设计都十分复杂。因此，针对群体建筑，有必要对其进行拆分，采用适合单一的个体建筑的建筑设计方法，这种综合性的建筑设计方法的采用，不仅是对单一建筑特点的体现，而且也使各个单一建筑之间保持一种准确的相互依存的内在联系。综合设计方法多用于大型的建筑群体，如城市综合建筑及城市整体建设等。

2. 园林建筑设计思维

（1）社会文化习惯中的借鉴吸收。从传统文化和社会规范中吸取建筑设计思想。对过去传统的建筑设计进行较为系统的分析，从社会规范、自然法则、人文历史、文化传统及人们的兴趣爱好、生活习惯中提取建筑设计的关键点。可以将其中一点或几点作为建筑设计的出发点和建筑风格的体现。最重要的就是要通过建筑设计的文化展现来改善人们的生活和行为习惯。

（2）其他艺术形式的借鉴。将特定的文化符号使用在建筑设计之中，使文化思想通过建筑体现出来。主要将文化符号使用在建筑物的内部或外部装饰上。此外，还可以通过特定的文化符号来演绎建筑的空间体量。我国的许多建筑对传统的中国建筑特色都有所吸收，如"中国红"的建筑色彩、中国传统的大屋顶等。这种象征性的文化符号在建筑设计中的使用还是十分普遍的。

（3）个人思想和情感的投注。优秀的建筑设计方案除了要有丰富的历史文化底蕴之外，还必须要依靠优秀的建筑设计人才。建筑设计必须要依靠设计者对建筑设计的热情和灵感。设计师将个人的情感和思想投注到建筑设计的创作中，将自身的知识技能转化成无限的创造力，为老百姓创造更加舒适的生活环境。这种个人思想和情感的投射，在现代建筑设计中是不可缺少的。同样，设计师的个人魅力和特色也是通过这种差异化的个人思想展现出来的。凡是世界一流的建筑，都带有浓厚的个人特色。

（二）园林建筑设计创新思维的基本特征

1. 反思特征

建筑设计的创新思维必须从常规中寻求差异，就是不简单地重复思维惯性，其对现实理论和建筑设计的实践进行分析，发现和反思，这样才能达到创新的目的。任何创造性活动都是从发现问题与解决问题上入手的，其必须对以往的实践结果进行反思，才能找到创新点。同时对自身的创作过程进行反思，每个成功的设计都不是一次就成功的，而是经过多次反复，反思也就成为其中必不可少的过程。反思有利于再次审视，对创新是十分有意义的。

2. 发现性特征

基于经验的设计不能够实现创新，只有发现新的认识才能达到创新，因此在实际的创新思维过程中必须发现新的特征与功能等，才能实现创新，即对原有的认知进行超越。创新思维是人脑的高级反应，其不仅仅需要对表象进行分析，也利用发现过程来拓展更多的可能性。简单反映现实的同时更应反映知识和事物隐含的可能性，从而实现对设计的创新，因此其思维必须跳出常规，发现基础知识点以外的关键问题。

3. 实用特征

创新思维不是独立于现实，而应从实际出发，任何创造性的成果最终都应投入到实际应用中，如果不能应用则创造是没有任何价值的。建筑设计的创新思维也应如此，如果建筑设计的最终结果不能应用到建筑实践中，设计活动则失去了价值。所以创新思维必须依存于实践，实现创新、实践、改进、再创新的过程，创新和实用之间必须保持连贯。

4. 相对特征

思维方式的结果都会形成不同的结构，但是其具有相对性，因为任何创新都是相对原有的思维模式和方法，建筑设计创新思维也是相对某个设计和观念的创新，即离不开时代和人文的特征，离不开实践活动。必须认识到创新思维方式的出现尤其是特有的时代价值，思维方式是相对的新颖。其不能对以往的方式和方法进行全盘否定，应依存于原有的经验进行创新。

（三）园林建筑设计思维方法的创新

1. 绿色建筑设计的新思维

基于新技术、新材料的建筑设计思维方法的创新。绿色建筑设计成为现在建筑设计行业的一大趋势。它崇尚乐色设计、生态设计。将生态环境保护放在了建筑设计的重要位置。绿色建筑的定义多样，主要表现如下：一是在尊重生态环境保护的基础上，因地制宜、因势利导，多选用本土化的绿色材料；二是绿色建筑设计十分注重节能减排，在提高土地资源的使用效率的基础上，实现绿色用地、节约土地资源的保护资源的目的；三是绿色建筑充分利用对自然环境，打破过去建筑内外部相互封闭的界限，采用绿色、环保的开放式的建筑布局。

2. 突出环保新理念

绿色建筑设计的发展是对建筑物的整个过程的控制，它十分重视建筑物在使用期限内的环境保护。而绿色建筑设计的环境保护概念的体现是要合理利用绿色能源和可再生资源，最大限度减少资源消耗的污染性和有毒性。利用清洁生产的绿色资源，在使用周期内循环利用资源，有效提升资源的利用效率，一定程度上也起到了节约资源、缓解资源短缺的现状。使用绿色资源，保护生态环境，实现人与自然的和谐相处。这是建筑设计思维方法的新拓展。

3. 建筑现场的整体性设计

建筑设计必须要建立在实际建设地址上，实现建筑设计与自然环境相协调的重要条件就是要保证建筑现场的整体设计。一切建筑设计只有与实际的自然环境相符合，才算得上是完整的建筑设计方案。建筑设计一定要立足现实的自然地理环境，根据当地的地理条件、气候状况、社会环境等因素，进行具体的分析与考证，才能使建筑设计方案具有可行性，也才能使绿色建筑思维得以真正的贯彻落实。而建筑现场的设计应该注重这几个方面的内容：一是建筑现场设计要尽可能保护好现场生物的完整性，不要过多地损害建筑现场原有的生态环境；二是要尽量满足对绿地建设面积的需要，保持现场水土，有效降低环境污染和噪声的产生；三是要尽可能减小建筑现场的热岛效应。

4. 建筑布局设计

合理的建筑布局设计是体现建筑设计思维创新发展的另一个关键点。建筑业是最耗能的产业，全世界的能源消耗有 1/3 是消耗在建筑业上的。合理降低建筑业的能源消耗，进行建筑平面设计，首先就要做好降低能耗的建筑设计。改善建筑门窗的保温性能和加强窗户的气密性是节能的关键举措，选取高效门窗、幕墙系统等，提升建筑的节能效率。此外，建筑的外墙设计要能满足室外的自然采光、通风等硬性要求。尽可能保证建筑设计的绿色和环保，有效减小建筑对电器设备的依赖性。建筑布局设计还要保证室内环境的温度以及热稳定等。建筑布局既要科学、合理，又要绿色、环保。

（四）当代建筑设计中的创新思维方法的应用

1. 层次结构方法

建筑设计中创新思维的方法有一种是层次法，即对层次结构进行归类并进行设计，如双层结构、深层结构、表层结构等，其中双层结构应用较为广泛，双层结构可以相互作用，且相关构建。设计创新的思维方法就是在这个模式上拓展的。深层结构所体现的优势是稳定性、持久性等，同时作为基础所产生的表层结构，通过不断的改进和深化，形成众多的表层机构形式。因为表层结构的多样化和动态化特征，所以其可以反作用到深层结构上，因此在利用建筑设计创新思维方法进行设计时，应深入地对深层结构创新进行分析，对其内在的规律进行剖析，从而获得创新的基础。将设计中采用的逻辑和非逻辑性结合起来，在实际的工作中可以对多种建筑设计创新思维进行有效的控制，并使之与实践经验结合，让表层结构的拓展空间更大[2]。

2. 深层结构创新思维

建筑设计创新思维中，深层结构必须重视辩证的统一，即逻辑性和非逻辑性的结合，逻辑性思维体现的是传统的定式，也是设计中必须遵守的原则，非逻辑的思维则是要创新和改变，但是其不能脱离逻辑性而独立存在，可以说非逻辑思维的目标是获得满足逻辑思维的目标。建筑中逻辑是满足科学和合理性，而非逻辑则是要创新和突破，是创新设计的源泉，体现的思维突发性，其前提是材料的不充分性、思维突发性、结果的必然性，这些特征说明非逻辑思维不受传统理念和模式的影响，是抽象、概括、跳跃的思维模式，对逻辑性的再造，形成新的建筑设计中的逻辑性，并使之获得固化后得到应用。这就是深层次创新。

3. 表层结构创新思维

表层结构是一种外化的形式，是深层结构创新的必然，表层结构应从深层结构转化出来，在一定的规律和方式下，深层结构可以有效地帮助表层结构形成多元化表象。所以深层结构的作用是基础，是表层结构创新的根本动力和影响动力。设计中应利用发散、收敛、求同、存异、逆向、多维等来完成创新，并使深层结构获得更好的体现。要实现现代建筑的创新思维方法的应用，就必须从深层结构入手，对表层结构进行灵活刻画，使之流畅地表达，从而使得创新思维获得固化，形成最终的设计成果。还应注意的是表层结构创新，应注意收敛思维，从不同的角度对形成的创新点进行集中分析、选择和甄选，从而选择最佳形式，适应建筑准则，使得各种结论符合逻辑并满足常规科学性。

建筑设计创新思维是一种对客观进行发现和创造的思维模式，其主要的目标就是对现有的建筑结构和法则进行创新，从而获得更加丰富的建筑形式和功能。其设计的关键在于对层次结构的选择和创新，既要尊重逻辑性，也要利用逻辑创造非逻辑的创新，使得表层和深层结构完美结合，这样才能保证创新思维是正确的。

---

2 马旭峰．浅论园林建筑小品在园林中的作用[J]．中国新技术新产品，2011（3）．

第二节　设计场地解读组织

一、园林建筑设计中的场地分析

针对园林设计的前期阶段——场地分析的重要性，就场地分析中对设计要求的分析、场地的内外环境的分析、参与场地其中的不同类别的人的心理分析三个方面进行了探讨，阐明了分析阶段在园林设计过程中的重要作用，从而通过分析提高园林设计的质量、城市生态环境及人民生活环境的质量。

园林设计前期的场地分析是设计的基础。对场地了解与把握得是否全面、场地各条件要素分析得是否深入，决定了园林设计方案的优劣。文章通过对设计要求的分析、场地的内部及外部环境的分析及从人的使用角度三个方面，阐述园林设计中该如何全面、系统地把握场地分析。

（一）园林建筑设计要求的分析

通常它以设计任务书的形式出现，更多的是表现出建设项目业主的意愿和态度。这一阶段需要明确该场地设计的主要内容，该项目的建设性质及投资规模，了解设计的基本要求，分析其使用功能，确定场地的服务对象。这就要求设计者多与项目业主进行多方面多层次的沟通，深刻分析并领会其对场地的要求与认知，避免走弯路。

（二）园林建筑设计场地环境的分析

场地的环境分为内部环境和外部环境两个层面。

1. 外部环境

外部环境虽然不属于场地内部，但对它的分析却绝不能忽视，因为场地是不能脱离它所处的周边环境而独立存在的。对于外部环境主要考虑它对场地的影响。第一，外部环境中哪些是可以被场地利用的。中国古典园林中的借景即是将场地外的优美景致借入，丰富了场地的景观。第二，哪些是可以通过改造而加以利用的。尽可能将水、植物等有价值的自然生态要素组织到场地中。第三，必须回避的。如废弃物等消极因素。可以通过彻底铲除或采用遮挡的手法加以屏蔽，优化内部景观效果。总之，可以用中国古典园林的一句话"嘉则收之，俗则屏之"来表达。

2. 内部环境

场地内部环境的分析是整个过程的核心。

（1）自然环境条件调查。包括地形、地貌、气候、土壤、水体状况等，为园林设计提供客观依据。通过调查，把握、认识地段环境的质量水平及其对园林设计的制约因素。

（2）道路和交通。确定道路级别以及各级道路的坡度、断面。交通分析包括地铁、轻轨、火车、汽车、自行车、步行等交通方式，还包括停车场、主次入口等的分析。通过合理组织车流与人流，构成良好的道路和交通组织方式。

（3）景观功能。包括景区文化主题的分析。应充分挖掘场地中以实体形式存在的历史文化资源，如文物古迹、壁画、雕刻等，及以虚体形式伴随场地所在区域的历史故事、神话传说、民俗风情等。对景区功能进行定位，安排观赏休闲、娱乐活动、科普教育等功能区。

（4）植被。植物景观的营建通常考虑选何种植物，包括体量、数量，如何配置并形成特定的植物景观。这涉及以植物个体为元素和植物配置后的群体为元素来选择与布局。首先应该从整体上考虑什么地方该配置何种植物景观类型，即植物群体配置后的外在表象，如密林、半封闭林、开敞林带、线状林带、孤植大树、灌木丛林、绿篱、地被、花镜、草坪等。植物景观布局可以从功能上考虑，如遮阴、隔离噪音等；也可以从景观美化设计上考虑，比如利用植物整体布局安排景观线和景观点，或某个视角需要软化，某些地方需要增加色彩或进行层次的变化等。整体植物景观类型确定后，再对植物的个体进行选择与布局。涉及植物个体的分析有：植物品种的选择，植物体量、数量的确定，及植物个体定位等。植物品种的选择受场地气候和主要环境因子制约。根据场地的气候条件、主要环境限制因子和植物类型确定粗选的植物品种，根据景观功能和美学要求，进一步筛选植物品种。确定各植物类型的主要品种和用于增加变化性的次要品种。植物数量确定是一个与栽植间距高度相关的问题。一般说来，植物种植间距由植株成熟程度确定。最后，根据各景观类型的构成和各构成植物本身的特性将它们布置到适宜的位置。在植物景观的分析中还要注意植物功能空间的连接与转化；半私密空间和私密空间的围合和屏蔽，以及合理的空间形式塑造及植物景观与整个场地景观元素的协调与统一。

（5）景观节点及游线。这里需要确定有几条主要游览路线，主要景点该如何分布并供人欣赏，主要节点与次要节点如何联系。

园林设计就是通过对场地及场地上物体和空间的安排，来协调和完善景观的各种功能，每一个场地有不同于其他场地的特征，同时对场地各个方面的分析通常是交织在一起的，相互关联又相互制约。因此，在设计中既要逐一分析，又要全盘考虑，使之在交通、空间和视觉等方面都有很好的衔接，使人、景观、城市以及人类的生活和谐。

场地分析应用于园林规划设计的前期阶段，是对设计场地现状、自然及人文环境进行全方位的评价和总结。通过全面深入的分析，系统地认识场地条件及特点，为设计工作提供具体翔实的参考和指导。此外对于设计方案文本，必要的场地分析说明对理解方案和设计意图具有重要的意义。

(三)园林建筑设计场地分析的内容及作用

场地分析是在限定了场地预期使用范围及目标的前提下进行的。场地分析过程包括了从收集场地相关信息并综合评估这些信息,最终通过场地分析得出潜在问题并找到解决这些问题的方法。

1. 园林建筑设计前期资料的搜集

根据项目特点收集与设计场地有关的自然、人文及场地范围内对于设计有指导作用的相关图纸、数据等资料。收集资料主要包括五个方面:自然条件、气象条件、人工设施情况、范围及周边环境、视觉质量。

2. 园林建筑设计场地分析的主要工作

(1)对场地的区位进行分析。区位分析是对场地与其周边区域关系以及场地自身定位进行的定性分析。通过区位分析列出详尽的各种交通形式的走向,可以得到若干被制约之后的设计工作的限定性要素,例如场地出入口、停车场、主要人流及其方向、避让要素(道路的噪音等)。此外,通过场地功能、性质及其与周边场地关系可确定项目的定位,并根据场地现状及项目要求结合多方面分析综合得出场地内部空间的组织关系。

(2)对场地的地形地貌进行分析。在设计中因地制宜并充分利用已有地形地貌,将项目功能合理地布置于场地中。地形地貌分析包括场地坡度分析和坡向分析。通过坡度和坡向分析找出适宜的建设用地,在保证使用功能完整和最佳景观效果原则的基础上尽量充分利用场地现状地形,减少对场地的人为破坏及控制工程造价。在坡向分析中应兼顾植物耐荫、喜阳等因素,在建筑布置中更要考虑建筑室内光照、朝向等因素。

(3)对场地的生态物种进行分析。分析统计场地中原有植物品种及其数量与规格。植物是有生命的活体,不但可以改善一方气候环境,也是园林中展现岁月历史最直观的一面镜子。因此,通过对场地原有植物的分析,指导植物造景在尽量保留原场地中可利用植被的前提下展开,在控制工程造价的同时延续场地原有植物环境。

(4)对场地气候及地质水文进行分析。通过对前期收集的土壤、日照、温度、风、降雨、小气候等要素的分析,可得到与植物配置、景观特色以及园林景观布局等息息相关的指导标准。如自然条件对植物生长的影响,日照、风及小气候对人群活动空间布局的影响等。此外还需注意场地地上物、地下管线等设计的制约因素,对这些不利因素需要标明并在设计阶段进行避让。

(5)对场地视线及景观关系进行分析。通过对场地现状的分析,确定场地内的各区域视线关系及视线焦点,为其后设计提供景观布置参考依据。例如景观轴线、道路交汇处等区域在园林设计中需要重点处理。应充分利用场地现状景观延续区域历史文脉,即设计地段内已有、已建景观或可供作为景观利用的其他要素,例如一个磨盘、一口枯井等都可以作为场地景观设计用。场地外围视线所及的景观也可借入场地中，如"采菊东篱下，悠然见南山"即是将"南山"作为景观要素引入园内。

（6）对人的需求及行为心理进行分析。人与园林环境的关系是相互的，环境无时无刻不在改变着人们的行为，而人们的行为也在创造着环境。不同人群对周边环境有着不同的要求，因此根据场地现状资料深入分析场地潜在使用人群的需求可使设计更加人性化。不同年龄段、文化层次、工作性质、收入状况的人群，他们有各自不同的需求，而针对不同的需求所营造的景观也不尽相同。例如，园林草坪中踩踏出条条园路就是由于前期分析缺失。设计前期进行人流分析，可帮助设计者描绘出场地中潜在的便捷道路。

（7）对场地的社会人文进行分析。通过查阅历史资料及现场问讯获得场地社会人文方面信息。对场地社会、人文信息进行分析可帮助设计人员把握场地主题立意思想，为场地立意提供线索。如历史文脉和民风民俗方面的历史故事、神话传说、名人事迹、民俗风情、文学艺术作品等。而地标性及可识别性遗存也可以唤起对场地历史的追忆，如一棵古树、一座石碑或是一台报废的车床。

（8）对场地的风水格局进行分析。风水学是古人通过对环境的长期观察，总结出来的一套设计规划理论，在现代社会仍有一定借鉴意义，特别在别墅庭院、居住小环境设计中应用广泛。例如居住区交叉道路，应力求正交，避免斜交。斜交，不仅不利于工程管线设置，妨碍交通车辆通行，而且会造成风水上的剪刀煞地段。风水民谚有"路剪房，见伤亡"的谚语，这种地段不宜布置建筑，只适宜设置绿化和园林小品，标志性设施等非居住性设施。

每个设计项目的场地现状条件都不可能与项目要求完全一致，因此在完全了解项目要求的前提下，需要依据前期收集资料对场地现状进行分析与评估，得出场地现状与项目计划及功能要求之间的适宜程度。根据场地的适宜度找出场地现状中无法满足项目要求的因素，进而在其后设计阶段通过一定方式、方法对这些不利因素进行调整。

3.园林建筑设计场地分析的意义

确定了场地空间布局、功能及区域关系。通过场地分析首先划分场地的功能分区，基于不同的功能分区及分析结果组织路网、布置空间。确定了植物选种及配置依据，合理选择植物品种，保证设计植物的成活率。为设计方案提供立意的思想来源，通过对人文资料的收集，挖掘提取设计主题思想。为避免和解决场地中的不利因素提供了方法，指出了场地内的不利因素，包括不利的人工环境和自然环境，如地上及地下管线、恶劣的小环境、土质等，使设计可轻松地避免这些问题。使场地自然生态、历史文脉及民风民俗的保护和延续成为可能。

二、园林建筑工程设计场地标高控制和土方量总体平衡关系

园林工程是城市改造的主要形式之一,通过自然环境的人工建立,将人们的居住环境与自然相协调,形成社会、经济和自然的和谐统一,对于社会个人来说,还增加了欣赏的价值,陶冶了人们的情操,缓解了生活和工作的压力。城市环境质量的改善,除了在城市的街道进行植物和草坪的种植外,还可以在市区内进行园林工程的建设。园林工程作为一个小型的生态体系,在给人们带来自然享受的同时,也增添了艺术气息,为城市节奏生活增添了一份活力。园林工程涉及设计学、植物学、生态美学、施工组织管理等多个学科,需要根据设计图纸进行设计,要充分考虑到施工所在地的水系、地形、园林建筑、植物的生长习性等,具有全局统筹的思想,才能顺利达到设计意图。因此,园林工程管理体现出较强的综合性特点。植物种植完成后,后续的养护管理是一项持续性的、长期性的工作,养护管理不仅要保护好植物使其健康生长,还要合理维护园林的整体面貌。只有根据植物生长情况适时浇水、施肥,修建绑扎,做好环境保洁等工作,才能保证园林景观的艺术性与和谐性。景观建设是一门艺术建设工作,施工时要重点考虑小品、植物配置、古典园林等各种艺术元素,保证园林景观的艺术性。

(一)园林建筑工程设计场地标高控制

在园林项目工程施工建设的过程中,对场地标高的控制与优化是一项非常重要的工作,土石方的工程也是园林绿化工程中的关键环节。在园林绿化工程中,场地标高的控制与优化和土石方工程的关系非常密切,一要严格按照规格进行设计,确保园林绿色工程的质量,使得园林项目工程顺利进行下去。园林绿色工程中土石方项目工程的设计要求一般包括:

(1)在对园林工程中平面施工图进行设计时,一定要保证施工的基本安全,还要反映出园林建筑底层总体的平面图,而且要反映出园林建筑物的主体基础和园林挡墙的关系。

(2)在设计的时候还要考虑到施工现场和周边环境的连接与协调,要按照园林工程项目的实际情况、园林工程的难易程度,园林工程总体的平面图与平场的施工图进行设计。

(3)在进行园林工程设计的施工时,为了保证园林项目工程在施工建设与使用期间的安全,一定要达到园林项目工程的技术规范要求,保证园林工程施工现场给排水系统能够安全使用。

(4)在进行园林工程设计的时候,一定要科学合理地利用施工当地的自然条件,并且对施工现场的标高进行控制与优化,尽量满足园林项目工程的管线敷设要求与园

林建筑的基础埋深的要求，保证园林项目工程的设计要求。

总而言之，我们在满足园林项目工程的景观效果与整体功能的基准之后，要尽量满足施工的安全性与经济效益最大化，进而使得场地标高得以控制与优化。当然安全施工是最重要的，在对园林工程进行设计的时候以上几条都要得以保证，并且要结合施工现场的标高控制与优化的要求，尽量减少外运以及借土回填。这样对于施工时的排水非常有利，还要考虑到道路的坡度、园林景观造景的需要，一定要做好园林项目工程的成本核算进行控制。

（二）土石方工程在园林建筑工程设计中的意义

在园林项目工程的施工建设中，土石方工程主要内容包括：施工现场的平整，基槽的开挖，管沟的开挖，人防工程的开挖，路基的开挖，填筑路基的基坑，对压实度进行检测，土石方的平衡与调配，并且对地下的设施进行保护等。在园林项目工程中，土石方工程主要指的是在园林项目工程的施工建设中开挖土体、运送土体、填筑和压实，并且对排水进行减压、支撑土壁等工作的总称。在实际的工作中，土石方项目工程比较复杂，所涉及的项目也非常多，在施工中一定要了解施工当地的天气情况，要尽量避开恶劣天气对工程的影响，我们一定要科学合理地安排土石方工程施工的计划，要选择在安全环境下进行施工建设，还要尽量降低土石方工程的施工成本，预先对土石方进行调配，对整个土石方工程进行统筹，一定不要占用耕地与农田，要严格遵守国家施工建设的原则与标准，一定要做好架构的项目组织，对相关环节进行布置，并且对其基础设施进行保护，对土石方进行调配与运送，对工程施工进行组织，制订科学合理的土石方工程建设施工方案。

（三）园林建筑工程设计场地标高控制和土方量总体平衡的关系

在园林项目工程施工的过程中，土石方项目工程的施工一定要严格按照施工规范进行安全施工，其技术水平一定要达到标准，对后期景观每种类型的园林工程道路标高进行控制，在施工现场表面的坡度进行平整时，一定要严格按照合理科学的设计规范要求进行设计。在施工中要尽量避免"橡皮土"的出现，进而影响到施工的进度，在自然灾害频发的季节进行施工的时候，一定要进行有效的防水与排水措施。在回填土方之前，一定要严格按照相关规定来选择适合的填料。在进行平基工作的时候，一定要在确保安全施工的前提下，使用有效的措施在施工现场的周围与场内设置安全网。对斜坡要实施加固技术，一定要按照适宜的坡度在临时的土质边坡实施放坡，在填土区来挖方。要尽量避免爆破行为破坏建筑物与构筑物基础的持力层与原岩的完整性，在实施爆破的时候一定要采取专门的减震方法，在对岩土区挖方的时候，一般情况下需要爆破的地方大部分地形比较复杂，并且岩石的硬度也比较高。园林工程土石方工程的施工建设一定要严格按照设计规范与基本要求进行设计，在园林土石方工程进行施工之前，一定要综合地进行平衡测算，并且保证工程质量与安全。在进行建设施工的过程中，一定要严格按照相关的技术指标参数，平衡调配一定要做好，尽量减少工程的施工量，土石方的运程一定要最短，其施工程序一定要最科学合理。园林工程进行土石方施工的时候，要统筹全局，并且对施工后的景观造景、园林建筑与园林道路的标高进行控制，对土方量的填挖进行总体的控制，要理论结合实际，尽量和后期项目的施工相结合。如果园林项目工程的内部土方的确不可以进行总体平衡，甚至将附近园林项目工程当作备选项目，一定要及时进行联系，并且提前做好准备。要尽可能将场地的标高进行控制与优化，并且要做到土方量总体平衡，要把这些有机地结合起来，尽量避免把大量的余土拉出来，避免四处借土，尽可能避免人为原因造成园林项目工程土石方成本失控带来的经济损失。

综上所述，在园林项目工程施工建设中，一定要严格控制施工措施，并且严格按照设计原则与施工要点进行设计，园林项目工程中土石方工程是园林项目工程中的基础环节，我们为了保证安全施工和施工进度，一定要对施工现场的标高进行控制与优化，两者一定要相互结合做好科学合理的施工方案，这些都严重影响到园林工程的质量与工程施工进度，因此，一定要对施工现场的标高进行控制与优化并且结合土方量的总体平衡，形成良性循环，进而为园林项目工程的总体目标奠定坚实基础，确保园林工程的质量。

三、园林建筑工程设计用地

随着城市化的不断发展，在城市内部进行风景园林建设已经成为一种发展趋势。在进行风景园林设计时，有许多的问题是需要注意的，其中包括用地的规划、植被的选择以及景观的规划。文章通过对园林设计中设计用地进行研究和探讨，提出针对不同地势情况，在进行园林设计的时候，应该按照因地制宜的原则进行规划，并且需要保护环境。

（一）对地势平坦的园林场地设计

地势平坦是众多地形中，分布最广，也是城市中存在最广泛的一种形式。作为城市中最常见的地形，在建设时，也是遇到问题最多的，需要对规划时遇到的问题进行分析，并找出解决方法。这种园林的形式都有着相同的地方：就是在进行园林规划的时候，对现有的园林景观以及整个城市内部的地形和地势进行调整，而且会对整个城市内部的景观和地位进行控制和管理。因为平坦地形需要按照国家规定的标准去进行建设。当然，为了营造出美好的画面，大多数的设计人员会在这些地方设计一些明显的建筑物，给予这个地方一个独特的点，也就是在这些点进行一些地标的建设。

在进行平坦地形规划的时候，有许多的问题是需要注意的，设计人员需要不断地提升我们的设计规划能力以及一些标准的建设标准。那么规划人员在进行建设的时候需要注意以下两点：第一，就是处理好设计的景观和已经存在的建筑物之间的关系，换句话说，对当地特别明显的建筑物，我们需要进行缩小与参照物之间的距离，也可以小范围地减小参照物的用地，依次减少景观用地。在我国的某个园林景观中，在进行规划的时候就采用了这种方法，这个园林景观在设计之初就是以这个地方的一个纪念碑为参照物，整个园林中就是突出这个纪念碑，那么在进行其他景观的设计的时候就对周边的景观和建筑物进行了缩小，以此来突出纪念碑的高大，这样的设计结果不仅减少了这整个景观建设的造价，更减少了建设用地的面积。第二，我们需要对园林景观中的景观和环境进行处理，换句话说，我们在进行设计的时候，不能只是兼顾建筑的美感而忽略了对周边环境的保护，更有甚者为了满足设计的美感，而忽略了环境的保护。举一个成功的例子，就2010年上海世博会来说，在进行馆区建设的时候，都遵循了这种原则，做到了既美观又能够保护环境的原则。在众多馆园中，以贵州馆为例，这个馆在进行建设的时候，以贵州当地的景观为设计依据。并对建设地方的环境进行了科学的处理，做到了景观的优美和保护环境的效果。

平地景观的建设需要按照以下的几点进行规划和设计：①对于不能得到有效利用的土地，我们在进行建设的时候，需要以当地的一些设计理念作为参考，对这些土地加以利用，更好地实现每一寸土地的价值。②我们在进行设计的时候，需要做好将景观的美观和保护环境结合在一起。③我们可以运用科学的手段，做到既能够减少建设用地，又能够减少建设的造价。

（二）傍水园林的园林场地设计

自古以来，我国的园林建设中，以"水"为主体的景观数不胜数，傍水园林在我国的园林体系中占据主要的位置。水的利用使我国的景观呈现出一种独特的韵味，它能够对周边的环境起到烘托的作用。现阶段，我国的水景观中，由于水系统的利用不合理，我们在进行管理的时候，不能对景观进行有效的管理和控制，使景观存在着一系列的问题。本书对景观中容易出现的问题进行了研究，并提出了解决措施。傍水景观中存在的问题就是两种：第一，我们设计的景观中存在着较多的建筑物，由于建筑物过多，所以我们设计的景观起到的美观作用较少。第二，就是对水资源的利用不合理，由于水系统组成的景观比较复杂，不便于我们进行管理，所以就会显得我们设计的景观没有主题，使人们在欣赏的时候，不能够体会到景观的主题。

解决方法：①我们需要结合当地的建筑物加以分析，做到不能因为建筑物过于高大而影响了景观美化的作用，其次就是我们需要对当地的环境进行集中管理，做到建筑物与景观相辅相成，起到互相发展的作用。②我们需要编制水资源利用的标准，合理地利用水资源，尽可能让我们设计的水景观的作用扩大。还有就是对旧有的水景观进行整顿和规划，并对不合理的景观进行整改。③由于当地的建筑物比较巨大，我们在进行景观设计的时候，不能够对既有的建筑物进行改造，因此我们可以运用上述的方法进行改造，换句话说就是缩小参照物。

（三）山体园林的场地设计

1. 遇到的问题

山区景观的规划一直是我们园林景观设计中的难题，我们对遇到的主要问题进行了分析。①对山区的空间运用不合理，由于我国的地理差异较大，山区在我国的地形中也占据着主要的地位，对山区空间的利用，也是我们在进行景观设计的时候，需要掌握的方法之一。②对山区景观的植被的安排，换句话说就是对山区的植被进行栽植，不科学不合理。所以营造出的氛围以及视觉效果不够明显。

2. 常用方法

针对上述问题，我们结合科学的手法进行了科学的管理和规划。对于空间问题，可以利用新型的软件进行设计，这样就能够使我们在设计的时候想问题想得足够全面，对发现的问题进行管理和解决，使设计变得更加合理；我们还可以积极地学习西方先进国家的设计方法，使设计结果越来越接近现代化。还有就是我们需要对已经建设的山区景观进行整顿，把旧的景观和新的景观结合在一起，使整个景观的安排变得合理。我们需要处理好景观的美化作用，使整个设计的结果符合设计的原意，来更好地发挥景观的作用。

综上所述，在对园林景观进行设计时，需要结合"因地制宜"的设计和管理原则进行土地的规划和管理，同时确保设计原则符合国家的建设与规划。另外在保护环境的前提下，做到景观的美化。

四、结合场地特征的现代园林建筑规划设计

"湖上春来似画图，乱峰围绕水平铺，松排山面千重翠，月点波心一颗珠。碧毯线头抽早稻，青罗裙带展新蒲，未能抛得杭州去，一半勾留是此湖"，白居易的《春题湖上》让美丽的西湖更加家喻户晓，而西湖名胜为何如此闻名中外，它除了宣传力度的广泛外，最根本的还是它结合场地特征进行优秀风景园林规划所呈现的景点焕发着浓郁的魅力吸引着人们。而风景园林设计就是在一定的地域范围内，运用园林艺术和工程技术手段，通过改造地形，种植树木、花草，营造建筑和布置园路等途径创造美的自然环境和生活，游憩境域的过程。它所涉及的知识面较广，包括文学、艺术、生物、工程、建筑等诸多领域，同时，又要求综合多学科知识统一于园林艺术之中来，使自然、建筑和人类活动呈现出和谐完美、生态良好、景色如画的境界。而现代的风景园林规划设计不仅遵循因地制宜的原则，更多地注重于空间场所的定义、园林文化的表达、新技术、新理念的融合。

(一)空间场所的定义

西湖风景名胜是建立在其场所特征之上的,杭州位于钱塘江下游平原。古时这里原是一个波烟浩渺的海湾,北面的宝石山和南面的吴山是环抱这个海湾的岬角,后来由于潮汐冲击,湾口泥沙沉积,岬角内的海湾与大海隔开了,湾内成了西湖。由此,它三面环山,重峦叠嶂,中涵绿水,波平如镜,全湖面积约 5.6 平方公里,这三面的山就像众星拱月一般,围着西湖这颗明珠,虽然山的高度都不超过 400 米,但峰奇石秀、林泉幽美,深藏着虎跑、龙井、玉泉等名泉和烟霞洞、水乐洞、石屋洞、黄龙洞等洞壑,而西湖风景区里的诸多景点更是浑然天成,少有人工雕琢的痕迹,即使少许堆砌,也充满着自然的韵味。

(二)园林文化的表达

西湖风光甲天下,半是湖山半是园。西湖之美一半在山水,一半在人工,形式丰富,内涵深厚。精工巧匠、诗人画家、高僧大师,使园林之胜倍显妩媚。"西湖文化"最可贵的是公共开放性。在很多人的印象中,最能表达西湖文化的莫过于苏轼的《饮湖上初晴后雨》:"水光潋滟晴方好,山色空蒙雨亦奇。欲把西湖比西子,淡妆浓抹总相宜。"正因为有如此丰富的文化,在西湖风景区园林设计、创作方式才多种多样,灵感来源极其丰富,桃红柳绿,铺满岁月痕迹的青石板、各色的鹅卵石等与周围环境融为一体。正如巴西著名设计师布雷·马克思说:"一个好的风景园林设计是一个艺术品,对此,结构、尺度和比例都是很重要的因素,但首先它必须有思想,这个思想是对场地文化的深层次的挖掘,只有这样的设计作品才能体现出色的艺术特质,让景点充满着生机。"

(三)新技术、新理念的融合

风景园林设计的最终目标与社会生活的形式及内容之间的关系表明了熟悉和理解生活对于园林设计创作的意义。新技术的不断涌现,让我们在风景园林规划上有更多的展示空间,新技术的创造让"愚公移山"不再是几代人的接力赛,新理念的融合更让场地在保护自己特质的同时更完美地呈现艺术美。

在西湖环湖南线的整合中,始终贯穿着一个非常清晰的理念:在自然景观中注入人文内涵,增强文化张力,将南线新湖滨建设成自然景观和文化内涵有机结合的环湖景观带,成为彰显西湖品位的文化长廊。充分保持、发掘、深化、张扬其文化个性,成为环湖南线景区整合规划的核心。整合的南线是一派通透、开朗、明雅、隽秀的风光,西湖水被引入南线景观带,人们站在南山路上就能一览西湖风光,南线还与环湖北线孤山公园连成一线,并与雷峰塔、万松书院、钱王祠、于谦祠、"西湖西进"、净慈禅寺等景点串珠成链,形成"十里环湖景观带"。杨公堤、梅家坞等这些已被人们淡忘的景点重新走进人们的视线:野趣而不失和谐,堆叠而不失灵动。清淤泥机、防腐木等新技术产品的广泛运用,给西湖西线杨公堤景区又增添了一道亮丽的彩虹,木桩驳岸等新工艺的运用让湖岸的景观更趋于自然。

现代风景园林规划设计首先关注的是场地特征。奥姆斯特德和沃克斯在1858年设计了纽约中央公园，当时场地还是在岩石裸露和废弃物堆积的情况下，奥姆斯特德就畅想了它多年的价值，一个完全被城市包围的绿色公共空间，一个美国未来艺术和文化发展的基地。在尊重场地的本质上，经过改造，现成为纽约"后花园"，面积广达341公顷，每天有数以千计的市民与游客在此从事各项活动。公园四季皆美：春天嫣红嫩绿、夏天阳光璀璨、秋天枫红似火、冬天银白萧索。有人这样描述中央公园："这片田园般的游憩地外围紧邻纽约城的喧嚣，它用草坪、游戏场和树木葱茏的小溪缓释着每位参观者的心灵。"

西湖景区在杭州城市大发展的同时，在空间场所的定义、文化表达、新理念的融合上走出了坚实的一步，充分体现了其场地特征上优秀的旅游资源，让新西湖更加景色迷人，宛若瑶池仙境。西湖之外还有好多"西湖"，在现代的风景园林规划设计中只有不断地提高认识水平，发掘场地深层次的含义，才能创造出一个个美好的景观场所。

第三节　方案推敲与深化

一、完善平面设计

城市化进程的不断加快，在推动人们生活水平不断提高的同时，也带来了巨大的环境污染和破坏，人们对于自身的生活环境提出了更高的要求，希望可以更加方便地亲近自然。在这样的背景下，城市园林工程得到了飞速发展。在现代风景园林设计中，平面构成的应用是非常关键的，直接影响着园林设计的质量。本节结合平面构成的相关概念和理论，对其在园林设计中实施的关键问题进行了分析和探讨。

（一）平面构成的相关概念

从基础含义来看，平面构成是视觉元素在二次元平面上按照美的视觉效果和相关力学原理，进行编排和组合，以理性和逻辑推理创造形象，研究形象与形象之间的排列的方法。简单来讲，平面构成是理性与感性相互结合的产物。从内涵来看，平面构成属于一门视觉艺术，是在平面上运用视觉反映和知觉作用所形成的一种视觉语言，是现代视觉传达艺术的基础理论。在不断的发展过程中，平面构成艺术逐渐影响着现代设计的诸多领域，发挥着极其重要的作用。在发展初期，平面构成仅仅局限于平面范围，后来，逐步产生了"形态构成学"等新的学说和理论，延伸出了色彩构成、立体构成等构成技术，不仅如此，强调除几何形创造外还应该重视完整形、局部形等相对具象的形应用于平面构成。

（二）平面构成在园林设计中的方案推敲与深化

在现代设计理念的影响下，现代园林设计不再拘泥于传统的风格和形式，而是呈现出了鲜明的特点，在整体构图上摒弃了轴线的对称式，追求非对称的动态平衡；并且在局部设计中，也不再刻意追求烦琐的装饰，更加强调抽象元素如点、线、面的独立审美价值以及这些元素在空间组合结构上的丰富性。不仅如此，平面构成理论在园林设计中的应用还具备良好的可行性，一是园林设计可以归类为一种视觉艺术，二是艺术从本质上看，属于一种情感符号，可以通过形态语言来表达，三是视觉心理趋向的研究为平面构成理论提供了相应的心理学前提。平面构成在园林设计中的应用，主要体现在两个方面：

1. 基本元素的设计方案的推敲与深化

（1）点的应用。在园林设计中，点的应用是非常广泛的，涉及园林设计的建筑、水体、植被等的设计构成。点元素的合理应用，不仅能够对景观元素的具体位置进行有效表示，还可以体现出景观的形状和大小。在实际应用中，点可以构成单独的园林景观形象，也可以通过聚散、量比以及不同点之间的视线转换，构成相应的视觉形象。点在园林设计中的位置、面积和数量等的变化，对园林整体布局的重心和构图等有着很大的影响。

（2）线的应用。与点一样，线同样具备丰富的形式和情感。在园林设计中，比较常用的线形包括水平横线、竖直垂线、斜线以及曲线、涡线等。不同的线形可以赋予线元素不同的特性。

（3）面的应用。从本质来看，面实际上是点或线围合形成的一个区域，根据形状可以分为几何直线形、几何曲线形以及自由曲线形等。与点和线相比，面在园林设计中的应用虽然较少，但是也是普遍存在的，例如，在对园林绿地进行设计构造时，可以利用不同的植物，形成不同的形面，也可以利用植物色彩的差异，形成不同的色面等。在园林设计中，对面进行合理应用，可以有效突出主题，增强景观的视觉冲击力。

2. 形式法则设计方案的推敲与深化

（1）对比与统一。对比与统一也可以称为对比与调和，其中，对比是指突出事物相互独立的因素，使得事物的个性更加鲜明；调和是指在不同的事物中，寻求存在的共同因素，以达到协调的效果。在实际设计工作中，需要做好景区与景区之间、景观与景观之间对比与统一关系的有效处理，避免出现对比过于突出或者调和过度的情况。例如，在不同的景区之间，可以利用相应的植物，通过树形、叶色等方面的对比，区分景区的差异，吸引人们的目光。

（2）对称与均衡。对称与均衡原则，是指以一个点为重心，或者以一条线为轴线，将等同或者相似的形式和空间进行均衡分布。在园林设计中，对称与均衡包括了绝对对称均衡和不绝对对称均衡。在西方园林设计中，一般都强调人对于自然的改造，强调人工美，不仅要求园林布局的对称性、规则性和严谨性，对于植被花草等的修剪也要求四四方方，注重绝对的对称均衡；而在我国的园林设计中，多强调人与自然的和谐相处，强调自然美，要求园林的设计尽可能贴近自然，突出景观的自然特征，注重不绝对对称均衡。

（3）节奏与韵律。无论任何一种艺术形式，都离不开节奏与韵律的充分应用。节奏从概念上也可以说是一种节拍，属于一种波浪式的律动，在园林设计中，通常是由形、色、线、块等的整齐条理和重复出现，通过富于变化的排列和组合，体现出的相应的节奏感。而韵律则可以看作一种和谐，当景观形象在时间与空间中展开时，形式因素的条理与反复会体现出一种和谐的变化秩序，如色彩的渐变、形态的起伏转折等。在园林植物的绿化装置中，也可以充分体现出相应的节奏感和韵律感，使得园林景观更加富有活力，避免出现布局呆板的现象。

（4）轴线关系的处理。所谓轴线关系，是指对空间中两个点的连接而得到的直线，然后将园林沿轴线进行的排列和布局。轴线在我国传统园林设计中应用非常广泛，可以对园林设计中繁杂的要素进行有效的排列和协调，保证园林设计的效率和质量。

总而言之，在现代园林设计中，应用平面构成艺术，可以从思想和实践上为园林的设计提供丰富的源泉和借鉴，需要园林设计人员的充分重视，保证园林设计的质量。

二、完善剖面设计

本节从园林建筑创作设计案例着手，在分析其独有的空间表达的同时引发对剖面本质的追问，重新审视透视法在当代建筑设计中的意义，提出要努力营造人为的剖面空间，考虑园林建筑空间体验的复合性及关注全局考量下整体化剖面设计的意义和方法。

从希腊哥特式的金科玉律到现代主义应对社会现实的标准化，建筑长久以来自发地保持与时代特征的关联与协调。玻璃表皮和玻璃墙面的大面积使用，开始有可能将建筑骨架显现为一种简单的结构形式，保证了建构的可能性，空间从本质上被释放，为设计和创作的延续奠定了基础。伴随着人类社会的演化、城市区域的发展以及技术的进步，建筑进入当代开始呈现出独立的、时刻有别于他者的空间职能。瞬息的转化促使着当代建筑师对建筑的本质做出反复的思考与追问，其中创作手段的探索也如同人们对于外部世界的认识，抽丝剥茧，走向成熟，并得益于逆向思维和全局观的逐渐养成，将设计流程对象及参照依据直接或间接地回归建筑生成的内核，剖面设计在其中逐步起到了重要的指导作用。保罗·鲁道夫认为建筑师想要解决什么问题具有高度的选择性，选择与辨识的高度最终会体现在具体的内外空间的衔接和处理中，即深度化的剖面设计。

本节将借助一对反义字样——"表、里"为引线，浅谈建筑创作中剖面空间形成由抽象的表现到隐性的达意的过程和成熟。分别从透视的剖面、人为的剖面和整体的剖面三部分论述剖面空间设计在当代建筑创作中的教益。

（一）透视剖面设计方案的推敲与深化

1. "表"

传统制图意义上的剖面可概括成为反映内部空间结构，在建筑的某个平面部位沿平行于建筑立面的横向或者纵向剖切形成的表面或投影。空间形式和意义的单一化导致了人们长期以一种二维的视角审视剖面，反过来对于人们的创作也造成了很大程度上的束缚。类似的，早期线性透视法作为文艺复兴时期人类的伟大发现，长久以来支配着建筑的表达。一点透视以其近大远小的基本法则成为人们简化设计思绪，力求刻画最佳效果的首选方法。然而，线性透视作为人们认识的起点，作为建筑设计的表达和思考方法似乎太过局限，只注重灭点及其视线方向上的物景，却忽略了其他方向上景观的表达，透视从近处引入画面，向着远处的出口集聚。如此，一个不同时间中发生的多重事件被弱化为了共时性的空间，进而只能针对局部描述，切断了建筑整体的联系组织，不利于设计师对于建筑设计初期的整体把握。

2. "里"

中国古代画作中使用散点画法，以求达到在有限的空间中实现磅礴的意向。唐代王维所撰的《山水论》中，提出处理山水画中透视关系的要诀是："丈山尺树，寸马分人。"这其中并没有强调不同景深的事物尺度的差异。相较之，西方绘画中十分重视景物在透视下的呈现。且不难发现西方的大场景画作绝大多数均为横向构图，与中国山水画恰好相反。这一方面体现了艺术创作中思维的差异，另一方面印证了竖版画面与赏画者感知的某种趋同。中国画中少了一些西方的数理逻辑，多了几分写意的归纳，空间纵深的处理上往往具有多个消失点，观察者不仅可以以任意的元素为出发点欣赏画作的局部描绘，同时由于画面本身环境的创设，也可以站在全局的角度产生与宏大意境的有效对话，而不受局部"不合理"的透视的束缚——艺术表现与现实的均衡。这与全景摄像技术有相类似的原理，若采用西画中"焦点透视法"就无法达到。显然，中国绘画中的散点透视法给当代建筑创作提供了启发，在更高层面要求的建构和操作上满足了当代建筑的复杂性与包容性，从而形成了很大一部分属于平面和剖面结合的复合产物，形成有别于传统的功能较为单一的创作模式与表达意图。

3. 基于内在的技术的形式表达

内在的技术表达作为形式最终生成的支撑，在建筑创作过程中起到重要的作用。在强调节能建设，提倡建筑装配式、一体化设计，关注建筑废物排放对生态环境影响的当下，技术在建筑中的协同作用越来越明显，并且可以通过有效的模拟进行对能源耗散系统的优化。从剖面入手的节能原理设计可以为后期具体设备安排的再定位做好前期设想。

4. 基于全新的功能诠释

当代建筑的室内总体呈现出非均质、复合的风格和空间个性。大众社会活动的极大丰富转型和商业等消费需求的快速膨胀，催生了建筑空间的全新职能，构件（系统）逾越自身传统的特性实现属性和价值的进化：室内阶梯转化为座椅、幕墙系统架设计出绿意等反映了空间与身体的互动。在库哈斯的建筑里，剖面的动线呈现出了新的特征：动线在空间中交错并置，运动的方向不再只是与剖切的方向平行或垂直，路径不自觉地融于空间中。斜线和曲线的排列加强了斜向空间的深度，且没有任何一个方向是决定性的，但仍然是有重点、有看点的。美国达拉斯韦利剧院通过剖面的设计实现对传统空间层级划分和使用概念的颠覆，建筑师通过对场所的解读和传统剧场流线运作的反思从剖面的视角创新并实现"层叠""底厅"的理念引起了极大的关注，赢得了"世界第一垂直剧院"的美誉。

5. 基于公众认知和社会文化内化的需求

公众的认知水平直接影响着社会的整体素质和社区生活的价值观，也决定着民众对建筑空间的接受和解读程度。建筑最根本地发生在人们的观念之中。社会文化等长期以来形成的"不可为"的观念及意识形态，同样给予人们包括设计师以影响。剖面空间的设计可以很好地深入建筑的内部，立体地斟酌适合社区环境和对可适化要求下人们所认同的空间尺度形态的调整与延续。

（二）人为剖面设计方案的推敲与深化

1. "表"

为何要提出人为的剖面？何为"人为"？这依然要返回到最初的那个问题，即何为剖面，剖面与立面的区别在哪里。这里首先论述"表"的问题。传统剖面设计是被动式的，是平面和立面共同生成的自然而然的结果，并没有自主性，即在剖面设计中没有或鲜有设计师专门参与。传统剖面分析也是仅仅基于建筑某一个或几个剖切点的概括性剖面，少有细化到每一楼层或房间的剖面设计成为了一直以来被遗忘的领域。然而结构形态的变形扭曲，材料透明性交叠下的多重语境，流线的复合和混沌等都彰显着当代建筑空间复杂化、空间多维化的趋向，要求我们能够以全面的、动态的视角分析建筑的特征和意义，而非仅以某种剖切前景下的类似立面图形予以表达。西方当代建筑实践在剖面化设计中更为突出与激进并表现在具体作品中。

2. "里"

"人为的"在关键词中被译为"manner"，意为"方式，习惯，规矩，风俗"等。人作为使用者体验建筑，同时受制于建筑自身的条件与管理。人为的剖面意在表达创造一种有条件的剖面，这种有条件是以人的需求为立足点的，同时顺应人在建筑中体验交互的行为方式，人们日常的生活习惯，传统的风俗和规矩所养成的意识以及态度。这种剖面空间的创作从一开始便是夹杂着唯一性的，至少是具有针对性的。任何空间最终都不可能以期完美地解决所有问题，对于所谓的通用空间或是公共场域往往抱有过多的期望，以致走向了对空间职能认识的极端而产生偏差。清楚地说，就是要利用这些限制条件和要素做出针对性的定义。在实际体验中，人们很少以俯瞰的角度观察事物，这也正契合了剖面设计是一种人眼的角度的在位设计。在建造技术日趋成熟以及人们对于建筑的空间认知逐渐转变的当下，形态、结构或者功能的挑战在很大程度上都可以通过过往经验协调处理，而我们在设计的思路和模式上应该更加关注具体的（并非抽象的）人群在具体空间中的使用可能，结合前期的具体数据并最终做出理性的判断和最优化的设计决策。

立面相较剖面更加注重外部空间界面的效果及建筑体量特征的界定，而剖面则更加关注建筑内部各部分空间的结构与关系（楼层之间的或是进深向度上的）。立面在现实状态下是透视状态下的立面场景，加之近几年对于外表皮研究的升温，建筑外立面的整体性与不同朝向的连贯性得以强调与优化；同样由于幕墙界面的大规模运用，建筑内部结构与外部表皮的分离导致了设计模式的调整，进而剖面空间的行为景象呈现出从建筑内剥离外渗出来的趋势，内部被连续完整地呈现出来。设计师们一直以来都在寻求和探索建筑与环境的最大限度融合，以减少室内外景观对视的差异，模糊物理和心理上的边缘感，最终落脚在人们室内的具体行为活动及其交互的景象是建筑立面被淡化了，剖面取代了立面。建筑空间的层次性在透明表皮下得到了更为强烈的剖切呈现，外表对于外环境的反射和吸纳产生了现象化的矛盾。剖面不再仅仅是建筑室内构件剖切状态下的符号化表达，进而演变成可以表现建筑空间整体形态以及产生与周边环境的微妙对话。

（三）整体剖面设计方案的推敲与深化

传统建筑创作设计总体呈现出的较为程式化、独立化、与周边环境不追求主动对话的特征，归根结底，仍然是由技术主导的空间模式所造成的局限。建筑的总体形制和体块布局也可简化为立方体的简单组合和堆砌以适应明晰的结构和经济合理的任务要求。因而，即使是进行有意识的剖面设计或是借助剖面进行前期场地与建筑的分析，也很难实现深度化、细节化的成果表达，如现代建筑旗手格氏致力于表达这样的概念：建立一个基座，并在其上设置一系列的水平面，剖面设计长期受到忽视也再正常不过了。

1. 可达性

可达性是必要的。空间中的可达性从表象大致包括基于视觉的图像信息捕捉和建立在触觉条件下的系列体验。它的存在使得建筑的体验者与建筑界面之间保有空间的质量，始终维持着建筑的解读者对于空间的再认识并最终确立着建筑终究作为人造物的实体存在性。在当代建筑中，距离不定式的空间性格表现得更为彻底和一致。建筑由现代进入当代，实现了时间轴上的进化，同时在不断地适应新时代的态度。Marco Diani 将其总结为：为克服工业社会或是当代社会之前时代的"工具理性"和"计算主导"的片面性，大众一反常态，越来越追求一种无目的性的，不可预料和无法准确预测的抒情价值。体验性空间中真实与虚拟并存，Cyberspace 中人机交互式的拟态空间为触觉注入了全新的概念，感知信息的获取和传达不再受距离尺度的限制，时间取得了与空间的巧妙置换。共时性视角下三维的剖透视逐渐成为特别是年轻一代建筑师图示意向的首选，信息化浸淫下的建筑与城市空间逐渐被关注与探讨。

2. 真实的剖切

整体化剖面设计中"真实的剖切"成为空间中可达性与认知获得感的落脚点，提出真实的剖切在于再次思考剖面的含义和剖切的作用。剖面一直以来都不是以静态的成图说明意图的，而应至少是在关联空间范围内的动态关系，剖面可以转化为一系列剖切动作后的区域化影像，避免主观选择性操作产生的遗漏。建筑项目空间的复杂度和对空间创作的要求决定了具体的剖面设计方法与侧重：例如可以选择建筑内部有特征的行为动线组织动线化的剖切，如此可以连续而完整地记录空间序列影像在行为下的暂留与叠显，抑或是进行"摆脱内部贫困式"的主题强化的剖切。选择性剖切的好处在于能够有效提炼出空间特质，具有高度相关性和统一性，进而针对其中的具体问题进行真实的解决，也便于进行不同角度的类比，为空间的统一性提供参照。同时，可以有效地避免在复杂空间中通过单一的剖切造成的剖面结果表达的混乱。事物的运动具有某种重演性，时间的不可逆的绝对性并不排斥其相对意义上的可逆性，空间重演、全息重演等也为空间场景的操作保留了无限的探索前景。实体模型的快速制作与反复推敲以自定义比例检验图示的抽象性，避免绘图的迷惑与随意，建筑辅助设计也为精细化设计保障了效率，建筑空间真实性的意义得以不断反思。真实的剖切是立足于整体剖面设计基础上的空间操作，是更为行之有效的剖切方法，也是对待建筑空间更为实际的态度。

真实的剖切优化了城市中庞杂的行为景观节点。外部立面长久以来的设计秉持将逐渐形成与室内空间异位的不确定；同时，建筑室内活动外化的显现依然在不断强调其与城市外部空间界面的融合，进而必然催生剖面和立面的一体化设计，创造出室内与室外切换与整合下的全新视野。

剖面设计是深度设计的过程并一以贯之。空间的革命、技术的运用、构件的预制等都为当代建筑在创作过程中增添了无限内容和可能，也为相当程度作品的涌现创造了条件，甚至 BIM 设计中也体现了"剖面深度"的概念和价值，相关学科技术的协同发展同样不断推进并影响着人们对建筑的解读。剖面设计作为人们长期实践中日趋成熟的设计方式和方法，值得设计师们继续为其内涵和外延做出探索。

三、完善立面设计

社会主义市场经济的快速发展，现代化信息技术的不断进步，在一定程度上推动了我国园林建筑行业的发展，并随之呈现出逐步增长的趋势。尤其是最近一段时间以来，我国园林建筑立面设计也得到广泛发展和应用，其作为建筑风格的核心构成要素，会直接和外部环境有着密切相关的联系，而且还加深了人们对建筑风格的认识。本节主要是对新时代下园林建筑立面设计的发展展开研究，并同时对其创新也进行了合理化分析。

伴随国民经济与科学技术的迅猛发展，我国建筑立面设计迎来发展的高峰时期。可随着城市化进程的不断加快，物质文化水平的普遍提高，人们也开始对建筑立面设计提出更严格的要求。它主要是指人们对建筑表面展开的设计，而对应的施工单位就可依照设计要求来进行施工，其目的就是为了美观建筑，同时起到防护的作用。

（一）建筑立面设计方案的推敲与深化

1. 立面设计的科学性

在大数据时代下，由于经济社会发生巨大变革，人们不自觉对居住环境提出更高要求，在满足居住安全的同时，还要求舒适。其主要原因就是因为社会大众的审美观念得到进一步提升，为适应新的设计结果，就必须设计出新颖的作品，但又不允许设计的作品太过于花哨，怕其破坏建筑立面的设计效果。现在部分区域为满足市场要求，会在立面上安装空调，或者其他，导致设计的整体性被破坏，最重要的是，还导致立面设计无法达到其根本要求。

2. 建筑立面设计的时效性

不管是哪一种建筑物在进行建筑时都不能忽略其使用寿命，尤其是当今时代的立面设计，更不能偏离该角度来展开设计。而且在设计建筑平面时，必须要做到合理有效，这就需要从当地区域的环境因素着手，并以经济效益作为基础，以展现时代文化作为立面设计的核心内容，使其建筑立面的设计可以与自然环境、社会环境以及人文环境保持一致，这样一来，就能起到意想不到的作用。当然，为提高建筑立面的耐用性，设计师必须多运用质量好的施工材料，并同时制定出独具特色的设计方案。例如，人们都喜欢夏天住在天气凉爽的地方，相反，在冬天，就喜欢住在暖和的室内。依据上述情况，就可选取一些高质量的材料进行设计，以便起到调节温度的作用。

（二）新时代背景下建筑立面设计方案的推敲与深化

1. 建筑立面设计与社会需求方案的结合

如今，当人们在观察多种多样的工程时，最先展现在人们眼前的就是建筑立面，尽管传统的设计更趋向于古典，但其设计方案却比较简单，只是单方面从颜色与结构上对其展开设计，根本无法真正发挥其重要作用。也就是说，建筑立面设计必须顺应时代发展潮流，并不断对立面设计展开创新，使其更符合社会发展的要求。再加上，由于经济全球化，各施工单位为满足经济利益，就必须适应当今时代的发展要求，设计出一系列的建筑作品。当然，最吸引人们眼球的就是建筑物的外观，只有将其和实际要求结合在一起，并尽最大努力去满足这一基本要求，就能在激烈的市场竞争中获取竞争优势，满足市场发展的基本要求，而且，还可以满足节能环保这一基本要求。当在进行设计时，必须自始至终地把握好时代发展内涵，不断在创新过程中谋得发展地位，以便更好地将节能环保理念融入设计过程中，使其可以完美展现设计作品。当制订设计方案时，就需要在新的设计环境中展现其创新思想。

2. 建筑立面设计与科学技术方案的结合

随着信息技术的快速发展，我国互联网技术也得到了进一步发展，这表明，以前的设计思想与理念也远不能适应时代的发展要求。因而，设计师必须事先制订出设计方案，并同时将所有成功的案例和时代结合在一起，整理好，便于不断对立面设计进行创新。尤其是在新时代背景下，就更有必要设计出多样化的作品。而且，是在高质量施工材料被研发出来以及人才大幅度增加的基础上，都可以为时代的发展奠定物质基础，除此之外，计算机技术的广泛运用，也能为建筑设计提供新的手段，这样一来，就更加有助于设计人员设计出更好的作品。

（三）建筑细部设计方案的推敲与深化

1. 形式与内容统一

建筑主要是为了给居民提供实用又同时兼具美观的居住环境。其实建筑的美观感受跟设计师的建筑理念是有关系的，在对建筑的外观进行设计的时候就需要建筑设计师以美观为主进行建筑的设计，其实建筑的设计也考验一个人的细心程度，建筑师要从艺术方面出发，找到建筑设计中可以突出艺术的东西，然后再进行设计，但是从艺术方面出发的概念并不是全部都由艺术为主，为主的应该是建筑，设计一个圆形的房子如果只有圆形这个元素，那么很难成为一个建筑，因为最起码建立在地上的基础都没有，就不能称为建筑，虽然有美观的成分在里面，但是却没有实用的成分在里面。这个跟细部设计其实是有关系的，主要建筑除了艺术形式外，最重要的就是细部设计了，细部设计相当于是结构，而建筑物本身的艺术性相当于内容，建筑物要保证的特点就是形式与内容统一，这样建造出来的东西才会实用。以一栋建筑物为例，一栋建筑物中的房子类型其实应该是差不多的，至少形式方面差别不大，总体的内容也差不多大，这两者都是维持相互统一的状态。

2. 部分与整体结合

整体指的是建筑物本身，建筑物本身需要保证它的整体性，整体性当中包含了特别多的部分，部分也就是建筑的细部设计，建筑的细部设计是充满艺术形式的部分，这部分同时也构成了完整的建筑个体，建筑物当中整体的框架结构跟细部的细节处理其实是分不开的，两者只有在一起的时候才能凸显出建筑总体的美观性，所以有的人只注重建筑的总体形象不注重建筑的细节处理，而有的人只去注重建筑的细节处理而不注重建筑的总体形象，这都是发展建筑行业中的大忌，建筑行业没有办法可以自己得到稳固的发展，不能保证部分与整体相结合，这就容易造成建筑的结构涣散，建筑结构总体就给人一种涣散的感觉，如果住进去的人对房子的感觉不好，居住效果也就会大打折扣。

3. 细部设计

（1）秩序。一般在进行细部设计的时候，都会在其添加很多个点，这些标记的点都是为了让建筑物的结构更加稳固，至少在视觉上来看，该建筑物的样子是凝固在一起并且是特别有力量的；线和点的作用也如出一辙，都是为了更好地凸显出该建筑物的建筑感觉，更有立体感；与此同时，加上面的参与，就让建筑设计不再只是单纯的平面设计，而晋升为三维设计。让面充当建筑的一部分然后进行设计的好处就是可以有身临其境的感觉，在设计建筑物的时候就会更有想法，至少加入面能够直观地感受到建筑建造完成之后给人的一个感觉。点线面是建筑设计中的三要素，如果要考虑细部设计，要想以此体现出建筑的精致，那么合理并且充分地运用点线面是最好的办法，并且运用点线面还能够保证细部设计的秩序，这才是在进行建筑物的细部设计工作当中最重要的，光是有了要求不去执行是绝对没有任何帮助的，靠对建筑细部进行设计来突显出外观的精致性还是特别有可能的。

（2）比例。在高层建筑的建造设计工作中，最让设计师头疼的东西就是比例，任何东西都是有比例存在的，建筑物也一样，建筑物的比例是建筑物在建设过程中最应该被考虑的问题，很多别出心裁的设计师对建筑物进行比例设计时会发现建筑物的比例设计得怎么样，就大概决定了这个建筑的发展动向，比例算是建筑物的灵魂，比例支撑着整个建筑物的骨架，因为建筑物最核心的部分就是骨架的建立，没有对建筑物的基层进行加固，没有对它的钢筋框架进行加固，那么其实这个建筑物倒塌的危险还是存在的，建筑物一旦倒塌，那么所有的工作也就功亏一篑，得不偿失，这还不如在进行建筑的设计时，就把建筑比例放在首位，把建筑细节的设计放在首位，这样才能更好地建造出一个安全的建筑，才能给居民们提供好的居住环境。

（3）尺度。既然是高层建筑，那么人们站在建筑底下看建筑上面是怎么样的形态，整个建筑物给人带来的一个直观感觉也就算是这个建筑物本身的创意了，如果建筑物本身十分在意尺度这个问题，并且能够根据这个尺度来进行房屋的建设，那么最后建造出来的建筑物绝对就是能带给大家好的生活体验的房子，同时也促进了建筑行业的发展，建筑行业在总体一起进行发展的时候也会看重建筑尺度的重要性，然后不断进行尺度的测量研发，提出更多的细节设计方案，总体才能够让建筑物在细节上面略胜一筹。

第四节　方案设计的表达

在建筑的全生命周期里，建筑设计是位于前段的重要环节。如果一个建筑项目在设计阶段方向失衡，其结果将影响到所有后续工作的进行。建筑设计并非建筑师单方面的工作，也不是单方向作业，而是由设计方和投资的开发者合力推动的团队作业。在整个建筑设计的进程中，设计方定期必须跟业主方会商，向对方诠释阶段性的设计内容，进行讨论研商并且根据双方达成的共识对设计内容和方向进行调整。

一、二维和三维演示媒体

提出设计方案的时候，设计方需要对设计内容做清晰的描述，让对方能够明确认知设计意向和具体设计内容，选用的传达媒介要能避免双方对设计内容产生认知差距。在以往的年代里，建筑师别无选择地只能将传统二维图纸作为表达媒介物。这种平立剖面建筑图是一种符号化的图面，在具备从二维演绎三维能力的建筑专业人员之间沟通无碍。可是对于可能未曾受过建筑专业教育的投资方和一般民众而言，要从这种投影式的图里面理解三维空间具体的形体信息的确有相当难度，也必然会造成双方对设计内容的认知差距，直接影响到双向沟通和信息回馈。

现代电脑科技提供了发布建筑设计方式的多样性选择，我们可以从二维或三维两种演示形态中选择不同的媒体来描述建筑空间。所谓"二维媒体"指的是由轴向投影表述建筑空间，包括传统的平立剖面建筑图，比较适合用在建筑专业人员间的沟通。

所谓"三维媒体"则指的是直观的描述三维空间建筑形体信息，包括三维空间建筑实体、虚拟的三维空间视景、动态模拟演示三维空间，以及通过虚拟实境技术让观众进入虚拟的建筑空间感受设计的具体内容。

传统的三维表述方式是制作缩小比例的实体建筑模型或画出建筑透视图。实体模型受限于比例尺和制作技术无法充分描述建筑物的细节，比较适合用于建筑体量表述或评估，加上只能从鸟瞰角度观察模型，难于从我们习惯的视觉角度来诠释建筑空间。因此在电脑如此普及的今天，我们对于三维表述方式可以有更好的选择[3]。

二、建筑透视图

建筑透视图能够自由地从各种仰视或俯视视角模拟观察建筑物，弥补了实体模型

3　裴小勇. 浅谈景观建筑在园林设计中的应用 [J]. 中国新技术新产品，2016(11).

只能从高角度观察的缺憾。透视图可以巨细无遗地表现建筑设计的细节和光影，能让我们经由"视觉印象再现"的方式认知某个方位建筑空间的形象。

昔日，受限于计算机渲染软件的专业性操作以及难以负担的高价位硬件，对于这种拟真程度比较高的建筑透视图，大部分设计公司或事务所都只能委托外面的专业透视图公司代为制作，在时间上和金钱上花费不小。因此大都只用在建筑设计完成后的正式发布上，并且通常只提供少数几张透视图，展现的是几个特定方位的建筑空间形象，透视图未能涵盖的部分则需由大家自行揣摩想象。

只用少数几张透视图来发布设计方案，从建筑设计表达的角度来看其完整性是远远不足的。其次，由于这种透视图多半用于商业广告范畴，在其影像后的制作过程里面，经常被制作者有意无意地对周围环境做过度美化，甚至为了观视效果改变太阳光影的方位，致使透视图在建筑表现上有些脱离现实。这都导致留下太多凭借想象的灰色地带，很容易产生错误认知。从一般房屋销售的广告文案中，留意那些画得美轮美奂的透视图，在图的下端都附有一行印得特别细小的免责声明，我们就可以看出其中的端倪。

三、运用 SketchUp 即时成像

如今，应用 SketchUp 即时成像的 3D 影像技术，从设计起始直到完成阶段，我们随时在电脑屏幕画面上都能看到建筑空间任意角度的透视影像，从 SketchUp 直接显现的透视影像虽然不如商业透视图那样光鲜亮丽，但是利用 SketchUp 可以随时输出各种方位的场景影像，甚至输出动态模拟演示让观众体会身临其境的视觉感受。建筑空间用直观的视觉描述消除了只能凭借想象的灰色地带。以 SketchUp 在短短数年之内迅速普及的现况来看，未来把 SketchUp 应用在建筑设计上并作为主要设计工具将会是可以预见的趋势。

前面说过设计者必须主动向外表达建筑设计的设计意向和实质设计内容，也就是 Presentation。表达的时机可能是在设计期中，建筑师在跟建筑项目投资方之间定期举行的设计讨论会上，也可能是完成设计以后，建筑师向建筑项目投资方总结设计成果或者是对外发布完整的建筑设计陈述。

应用直接操作三维空间的建筑设计方法，在各个阶段的设计表达方式上我们有好几种选择，包括静态影像、动态模拟演示、虚拟实境等，当然也包括类似于传统方式的平立剖面投影影像。其中最常被使用的方式是以直观的静态影像诠释建筑设计内容，我们经由 SketchUp 建立三维模型，随时可以输出多个方位的场景影像，让观众经由视觉印象了解设计内容。如果时间上有宽容性和设计费相对宽裕，可以使用动态模拟演示的方式做更清楚的表达。以设计者的立场，必须顾及时间成本的支出。

未来当虚拟实境软硬件技术臻于成熟，能对复杂的建筑模型进行高速及时的运算

以及流畅的显示动态空间的时候，我们预见建筑业会及时接纳虚拟实境应用技术，届时在建筑设计发布方式上，虚拟实境将取代动态模拟演示成为主流的发布工具。本章接下来笔者将对这些跟建筑设计表达相关的做法和技术做进一步说明。

四、从 SketchUp 输出场景影像

有两种方式可以从 SketchUp 输出建筑模型的场景影像，第一种方式是直接把模型的场景输出成影像，另一种方式是对场景进行渲染输出成"拟真影像 (Realistic Image)"。这两种方式输出的影像画面表现有些差别，适合应用的场合和产生的效益也有些不同。(注：Render 有两个中文译名："渲染"和"彩现"，简单地说是电脑对影像显示的运算过程，本书中使用渲染。)

从 SketchUp 直接输出的影像，由于沿用 SketchUp 包含物体边线轮廓的显示模式，与真实世界里看不到物体边线的视觉印象有些不同。而且 SketchUp 目前版本尚不具备光迹追踪或交互反射等典型渲染功能，除了单一的太阳光源之外也没有内建人造光源功能，输出的影像无法显现物体光滑表面的反射效果以及光线交互反射呈现的渐层光影，致使有些看惯了经由渲染器渲染影像的人感觉不习惯，因而负面评断 SketchUp 的可用性。其实这是一种因为认识不清而产生的逻辑性谬误，我们使用 SketchUp 的目的是把它用作强而有力的设计工具进行建筑设计，并非利用它去构建模型制作建筑透视图。

我们运用 SketchUp 在虚拟的三维空间里面构筑建筑模型，不论在设计过程中或设计完成后，我们随时可以从这个模型快速输出各种角度各种范围的影像，也可以输出不同表现风格的影像，比傻瓜相机还要好用，这是 SketchUp 最大的威力之一，让我们完全可以有机会凭借人类熟悉的视觉印象去阐述建筑空间。

真实世界中建筑物的墙面、地面和其他表面上都嵌装着饰面材料，这些饰面材料的材质和颜色都是建筑设计不可分割的部分。如果在设计过程中设计者不设计面饰材料，或只看着一小块巴掌大的材料样品凭借经验或臆测来指定材料，那是不负责任的做法。要知道室外自然光线会随着季节或时间而经常改变，在不同天气的自然光线映照下，建筑物的表面色彩和质感绝对不会跟那小小一块干净的样品相同。

第三章 生态园林景观设计

第一节 生态景观艺术设计的概念

　　景观设计在我国是一门新兴学科，作为学科系统研究时间虽然不算长，但发展却很快，它是一门应用实践性专业，一直都是相当热门的科目。随着研究与实践领域的不断扩大与延伸，这门学科的交叉性、边缘性、综合性特征越来越明显。

　　学习景观设计首先要了解景观是指什么，对这门学科的内容和概念要有基本的了解。那么景观设计是指什么呢？就景观设计环境因素而言，可以分为自然景观和人文景观两大类：自然景观是指大地及山川湖海、日月星辰、风雨雷电等自然形成的物象景观；人文景观则是指人类为生存需求和发展所建造的实用物质，比如建筑物、构筑物等。目前人们对于景观设计的理解与研究，大都认为景观设计指的是对户外环境的设计，是解决人地关系的一系列问题的设计和策划活动，这样的解释比较概括地解释了景观设计的内容和含义，但似乎还不够准确，如何去定义景观学科，是专业内一直争论和讨论的话题。迄今为止，在众多的解释中，还没有一个确切的定义可以完全涵盖它。在对具体景观概念的认知上，行内人士也表现出许多不同的见解。在日常生活中我们发现，即使同一景观的空间内容，让不同职业、不同层次的人群去感受，产生的感知结果也会存有差异，这与人的文化修养、价值观念、生活态度、审美经验等有很大的关联。建筑是景观，遗迹是景观，风景园林、各行业工程建设乃至建造过程也是景观，还有江海湖泊、日月星辰、海市蜃楼都可以称为景观。景观是一种囊括很大范围，又可以缩小到一树一石的具体称呼。

　　早期的景观概念和风景画有着密切关系。在欧洲，一些画家热衷于风景画的描绘，多数描绘自然风景和建筑，所描绘的图像有景观风景的效果，这使景观和风景画成为绘画的专业术语。1899年，美国成立了景观建筑师学会；1901年，哈佛大学开设了世界上第一个景观建筑学专业；1909年，景观建筑学专业加入了城市规划专业；1932年，英国第一个景观设计课程出现在莱丁大学，至此景观设计进入了多范围、多层面的研究与探讨；1958年，国际景观建筑师联合会成立，此后世界各国相当多的大学都设立了景观设计研究生项目，在此之前的景观设计项目主要还是由建筑师和一些艺术家完成的。

随着人类文明的不断发展和进步，人类克服困难的能力不断提高，对生存环境质量的要求也不断增长，对居住环境的综合治理能力也在不断增强，不断改良的结果更增添了人们改造自然、追求美好环境的欲望。从最原始的居住要求来看，住所的基本要求首先是预防自然现象对人类基本生活的破坏和侵扰，比如防御风雨雷电、山洪大火等自然灾害的袭击，再就是预防野兽的侵扰；发展的动因则是人类思想的不断进化、自身要求的不断增长和创造力的驱使。随着有效的改良活动和人类智慧的不断进化，人类对生活内容和品质的要求不断增加和提升，层次也不断提高，并逐渐出现了权力和等级制度，以及对各种神灵的崇拜。群居和部落的出现使居住场所逐渐扩大，权力和等级观念逐步加强，使建筑和用地的划分有了等级差别。对神的崇拜使祭祀和敬神的场所有着至尊的位置，这些人为的思想与条件逐渐成为制度，逐步渗透到人们的思想和行为之中，形成一些准则，在早期的环境设计中，也体现出在这些因素影响下形成的生活行为和思想寄托。

景观设计是一门学科跨度很大的复合学科，对景观设计的研究不仅需要大量的社会知识、历史知识和科学知识，更需要层次深入和领域宽泛的专业知识。对于景观设计的理解，我们主要是在城市规划、建筑、城市设施、历史遗迹、风景园林等可供欣赏、有实用功能或某种精神功能的具体物象上，或可观赏，或具某种象征性和实用性。为了方便和深入研究，人们对景观设计还进行了一些具体详细的划分，如城市规划设计、环境设计、建筑设计等。《牛津园艺指南》对景观建筑做了这样的解释："景观建筑是对天然和人工元素设计并统一的艺术和科学。运用天然和人工的材料——泥土、水、植物、组合材料——景观设计师创造各种用途和条件的空间。"此语对于景观设计中关于建筑方面的内容解释得非常明确，而我们在这里只是把建筑景观作为景观设计中的一个组成部分来理解。景观设计师比埃尔在《景观规划对环境保护的贡献》中写道："在英语中对景观规划有两种重要的定义，分别源于景观一词的两种不同用法。解释①：景观表示风景时（我们所见之物），景观规划意味着创造一个美好的环境。解释②：景观表示自然加上人类之和的时候（我们所居之处），景观规划则意味着在一系列经设定的物理和环境参数之间规划出适合人类的栖居之地……第二种解释使我们将景观规划同环境保护联系起来。"其认为景观规划应是总体环境设计的组成部分。通过这些解释，我们看到景观设计的大致范围和包含的主要内容，但还不能涵盖景观设计的全部内容，因为景观设计的内容是扩散的，不断地边缘化，不断会有新的内容补充进来，所以对于它的理解与研究必须是综合的。由于景观设计涉及的学科众多，又加上科学、艺术不断创新和进步，各种文化相互渗透，就使多元文化设计理念与实务得以不断发展。

不断出现的环境破坏与环境保护和可持续发展之间的矛盾与解决方法的循环往复，

使人类对景观设计的认识和理解不断加深。由于新矛盾、新问题不断出现，所以新的认识和解决方法也不断被探讨、研究和应用。对于景观设计研究来讲，更深层次的探求必须在哲学、审美观念、文化意识、生活态度、科学技术、人与环境、可持续发展等方面深入研究。景观设计学的具体解释应该是怎样的呢？笔者认为，景观设计学是一门关于如何安排土地及土地上的物体和空间，来为人类创造安全、高效、健康和舒适的人文环境的科学和艺术。在区域概念中，它反映的是居住于此的人与人、人与物、物与物、人与自然的关系。作为符号它反映的是一种文化现象和一种意识形态，它几乎涵盖了所有的设计与艺术，进入了自然科学和社会科学的研究领域。

第二节　生态景观艺术设计的渊源与发展

　　景观设计与人类的生活息息相关，它反映了人类的自觉意志，在整体形态设计的背后，隐藏着强大的理论基础、设计经验和个性主张。人类最早的景观设计活动，首先是对居所的建造活动，因为从有人类开始，其生存就要有基本的居住场所，从岩洞生活到逐步追求生存环境的质量，居住环境的规模、功能、实用性、美观性在不断扩大和提高。人类的才智、技能在发展过程中不断提高和发展，从对景观形态的体验上可以看出，人们追求的目的和意义不仅是视觉上的，更多起绝对作用的因素是心灵，这与人追求美的欲望有着密切的关系。尽管最初对景观设计理解的高度与深度有限，但从开始对居住环境选择时，就有环境设计的意思在其中了。景观设计是最能直接反映人类社会各个历史时期的政治、经济、文化、军事、工艺技术和民俗生活等方面的镜子。通过对遗迹景观中诸多内容的考证与感知，我们可以真切地感受到不同社会、不同地域、不同历史时期的信仰、技术、人文、民风等诸多方面的具体信息，会发现人们在不同文化背景中，尊崇着不同的信仰和不同的思维及行为方式。因为这些不同，设计者创造出含有不同审美价值观念的景观内涵，表现出独特的思维定式和生存习俗等方面的不同追求。在不同的地域，不同的民族，不同的历史时期，在共生共存的基础上，对文化的认识、理解、发展都有着独特性、片面性和局限性，这些独特性、片面性、局限性的发展、演变、交流导致其不断自我否定与发展，这成为景观设计多元化发展的历史源流。

　　人类在漫长的社会发展中，无时不在探求和发展人与自然的良好关系，随着时间的流逝，岁月的痕迹在自然和人为景观上留下深深的历史烙印。在遗址中我们可以看到生命和文化的迹象，这些具体的自然遗产和文化遗产，是人类印证历史发展的宝贵财富。20世纪末由于经济和人口的高速发展，我国城市规模迅速扩大，使人地关系变得非常紧张。城市的发展给自然和文化遗产的保护带来了威胁和问题，特别是在商品经济高速发展的近现代，对环境和文化的破坏已造成了极其严重的后果，其中论证不完善的乱拆、乱建和对各种资源的污染，对相当数量的自然遗产和文化遗产造成了不可挽回的损失，虽然政府补充了许多有效保护措施，但有些已无法挽回。近年来，世界遗产保护部门也加大了对自然遗产和文化遗产的保护力度，提出了对"文化线路"的保护与发展的新内容，加入了有关文化线路的建立与保护及其重要性的有关内容，把自然遗产和文化遗产一起作为具有普遍性价值的遗产加以保护。其核心内容就是要对历史环境的保护范围加强、加大。从街区、城镇到文化背景和遗产区域，对这些文化线路中不可或缺的具体内容加强保护。这对于自然和文化遗产的保护起到了推动、加强和反思的重要作用。特别是在以高科技和商业化推广为标志的高速发展中的国家，这显得尤为重要，具有现实意义和历史意义。在我国，相当数量的文化旅游线路，受商业利益的驱使，其商业价值已远远超过了保护价值和文化价值，这是很值得我们深刻反思的问题。在中国这样一个具有悠久文明传统的国家，应谨慎对待和深刻反思遗产保护的重要性和深远意义，应把保护放在第一位，保护就意味着文化的延续。这些原有的空间形态与秩序，叙述着不同文化和生活习俗以及在生产中不断改变的过程，一旦毁坏将无法复原。而保护的最基本做法就是要放弃没有文化意义和科学论证的乱建、乱伐和急功近利的乱开发，坚决放弃以污染空气、河流和土壤为代价的污染经济项目。在文化线路的保护上，必须充分认识到，自然遗产和文化遗产具有不可再生的价值，一旦破坏和摧毁，或者保护不力，将不可再生，失去本质的实际价值。这种保护的意义，不仅仅体现在一处或多处的景观保护，更重要的还有它的真实历史背景和人文形态保护，社会发展转型期更应该理性对待和科学论证。

工业化的发展给地球村的建设与发展带来了空前的繁荣和众多的实惠，但有利必有弊，人与自然的关系问题，环境污染与保护问题，手工艺和人文环境的逐渐消失问题，经济建设与可持续性发展等必须解决而又暂时不能解决的问题，矛盾越来越多，越来越深入到人们的日常生活之中。现代人向往农业化时代的空气、水质和自然的人文环境，但又喜爱工业时代的物质产品，希望充分享受舒适的物质化环境和全面的物质功能，并由此引发更高智慧、更为实用、更高科技含量的物质欲望，这种欲望在工业社会时期大有取代精神追求的架势，这也是工业化、信息化时代给人类造成精神与物质双重压力的主要原因之一，是现代人盲目崇尚物质与技术造成的。在开发物质能量的同时，在极度追求物质与技术的目标下，也产生了许多新的景观设计表现形式。由于不同思想的相互交融、相互影响，新思想也不断产生。人们对传统、历史、现在和未来有着完全不同的理解、行为和期待，多元化的思维与审美，使设计创造活动完全打破了原来尊崇的主流方式与方向，形成了百花齐放的发展局面。在利益的引诱下，不同声音、不同见解的内容与表达形式，使景观设计陷入了一个比较混乱的多元化创造时期。很多景观在设计上甚至违背社会的发展规律和文化背景，一味求异、求洋、求大，导致了一大批不伦不类的景观实物，这些缺乏民族历史感、失去文化底蕴、没有现实引导意义、没有可持续发展意义的"景观"在不久的将来，就会成为一堆堆文化垃圾。

人在本质上讲首先应该是自然的，然后才是社会的。人类在自然景观和社会景观的意义中寻求不同心理的精神安慰，从自然人的角度看待景观世界，地域文化和人的情感要同客观存在的景象达成共鸣，对物质产生的意义要从精神上认可，才能使二者相互交融并产生意义，达到人与物的相互交融，达到平衡存在的良好状态，这体现着较高层次的主客观审美追求。从这个层面上理解当下中国的工业化城镇景观状态，在规划与创建上似乎以追求工业化技术层面为先导的居多；忽视或放弃文脉传承、忽视人类情感因素的居多；片面求异、求洋、求大为第一目的的居多；以物质和技术为先导，不虑及具体的文化背景与条件的居多。这种情况给任何一种文化都会带来前所未有的冲击，甚至产生灾难性的后果，会使人与自然、人与社会、人与人产生较大的距离，并最终使人陷入孤独。

中国是一个发展中国家，在改革开放、以经济发展为核心的过程中，逐步向以工业技术生产和产品加工为主的工业化国家发展，这是一种可喜的进步。但在景观规划上，特别是建筑景观的建设上，我们在没有充分的时间和空间条件准备下，大批量接纳和消化世界发达国家的科技和艺术成果，而这些实验成果，在某些方面有成为城市景观设计主流的趋势。在景观设计领域对于以新思想、新技术为主导的设计与应用，我们在视觉和精神上都还暂时处于一种不成熟的兴奋与怀疑之中。对追求新的物态与结果表现出的热情、新奇、刺激、盲目要审慎对待，要用持续发展的态度来对待。工业化的景观设计在经济发达国家的发展是比较有序的，他们在这个过程中有比较充足的时间来论证和有序地拓展，有时间和空间理智地运用乃至输出他们的科技成果。而我们却以较短的时间承受发达国家百年以上科技成果的商业侵入，并且基本接受和实现了景观设计国际化这样一个事实。这个事实的快速实现，使我们的自我文化牺牲太大，历史景观日渐消失。在城镇的发展中可以看到，原有形态的传统文化环境已经模糊或已经没有了，过多的国际化景观环境，使我们感到生存在一种人为的、技术的、物质的景观之中。这种没有个性的物质堆砌，展现的只是技术成果，"以人为本"的精神层面渐行渐远，城市的规划与建设已基本脱离了我们的传统文脉，以一种非常机械的、生硬的、陌生的物质化姿态出现。

景观设计是物质化的空间表现，这个物质化空间的生成，会释放它承载的各种信息，如果一个城市没有了它的历史与文化背景，它会是一个怎样的空间状态呢？本土文化是一个城市发展的灵魂，它使这个城市有历史感和归属感，它用自己的语言叙述自己的以往和现在。以本土文化特质的消亡来换取国际化风格的植入，是不理智和论证不充分的结果。本土文化是一个民族在历史的长河中经过长期的奋斗和积累而形成的民族文化财富，有其特殊的文化脉络和滋养方式。我们必须吸收接纳一些工业化的、高科技的成果来发展我们的本土文化，但不是错位地跳入另一个陌生的脉络中快乐地销毁自己。所以从事景观设计必须尽快探讨、寻求一些切实可行的、适合国情和地域文明发展的空间物质表现形式，来引导和适应这个转型期，并坚决以不失本土文化的存在和发展为前提。

实现以本土文化为主流的环境设计，充分利用工业化、高科技的优势，创造多元价值共存的和谐社会的景观环境，是景观设计师的追求和责任。

第三节　生态景观艺术设计的历程

景观环境设计史可以说是人类社会生存和发展的综合史，是人类从生存需求到营造和追求生存质量及思想进步的科学艺术演变史。在这个漫长的演变过程中，我们看到，在历史景观设计中充满人类社会的各种智慧和追求，从狩猎、农耕的最基本生存需求，到现在追求高质量的物质享受，从各个方面的思想变迁和环境变化来看，其中包含着信仰、政治、经济、文化、军事及生活方式等各方面的种种故事。景观设计史见证着人类社会在精神和物质需求上的不断增长和不断满足，以及不断增长的探求精神。在解决了生存危机的社会环境中，人类的第一需求就是渴望追求更舒适、更完美和更高层次的生活品质。各个历史时期处在和平环境中的人们，追求和营造更高层次、更高智慧的生活环境的热情、欲望不断加大，涌现出许多更高技术、更多功能和更高审美层次的人文景观。

一、智慧的启蒙

（一）石器时代

石器时代又分为旧石器时代和新石器时代。旧石器时代的古代先民已经有意识地选择、制作具有削刮功能的器具来帮助生活，在居住场所的选择上，也寻找可以御寒和具有防御功能的场所作为栖息地。这些活动已经具有比较明显的目的性，其中也包含着最初的设计意识。旧石器时代晚期的器物上还有装饰物出现，石器的功能性和外观特征已显示出古代先民追求美的意识。

新石器时代的古代先民已掌握了基本的农耕技术，从以狩猎、采集为主要生活来源的生存方式，转为以农耕种植和畜养动物为主的生活方式。他们发明并制造出比原来更加精巧的磨光石器工具，用以装饰石器的方法也逐渐增多。新石器时代的聚落已经有比较严整的规划和大中型房子，并有多形态的形式变化，既有带套间的排房院落布局，又有规模宏大、平地起建的大型建筑。

（二）青铜时代

青铜的冶炼和青铜器的出现，使人类社会由石器时代过渡到青铜器时代，标志着社会生产关系将产生巨大变革和飞跃。金属器具在农业中的广泛使用，使生产效率得到很大提高。生产效率的提高，让人们有了更多精力和技术来改善其生存的环境。人类根据其居住地域的不同特点，创建出各种居住建筑的形制，并开始较大规模的城镇建设，以公共建筑来体现权力关系。其城镇形态的特征表现为功能划分逐渐清晰、人口密度增高，区域和远程贸易开始形成和发展。

二、古老的亚洲

（一）西亚的古巴比伦

西亚文明源于美索不达米亚，也被称为"巴比伦文明"或"巴比伦—亚述文明"。世界上最早的文明发源地之一，位于现在伊拉克境内的幼发拉底河及底格里斯河之间的流域，是古代巴比伦的所在地。这支文明有着丰富而多样性的民族文化，种族成分非常复杂，它的创立者是苏美尔人。

新巴比伦城"空中花园"由美索不达米亚迦勒底帝国尼布甲尼撒二世建造，世界七大奇观之一，被认为是世界上最古老的屋顶花园。

最早的苏美尔人创造了一套文字体系，这就是著名的"楔形文字"，最初是象形文字，逐渐演变为一个音节符号和音素的集合体，用以记载重大事件。它是用平头的芦秆刻在泥板上并晒干后保存的。古代巴比伦—美索不达米亚的数学也非常发达，公元前1800年左右，巴比伦人就发明了六十进位的方法，而且知道如何解一元一次方程。古巴比伦人非常重视城市的建筑，他们在公元前3000年就开始了建筑设计。在建筑上由于受建筑材料的限制，其建筑均为土烧结砖砌筑而成，用这种材料建成的屋宇，在造型上的变化比较自由，建造中可以发挥的空间比较大。古巴比伦建筑的基本特点是屋宇比较低矮，向水平方向展开，重要的建筑都建在台基之上，屋顶上是平坦的，并建成屋顶花园。宫殿的建筑规模则比较大，多数宫殿建筑都带有方形的内庭。由于巴比伦经过许多王朝和地理范围的变更，在建筑和景观的发展上出现了错综复杂的历史现象。

（二）古代印度

印度河流域也是世界最早文明的发源地之一。由于地理的影响，古印度社会早期的发展比较封闭，唯一的陆上通道就是西北部的伊朗高原，是接触和吸收外部文明的主要渠道。

大多数建筑都用石材构筑而成，建筑形态相当雄伟，有些建筑直接从岩石上雕刻出来，成为与自然山体浑然一体的建筑景观，其中最具代表性的是埃洛拉石窟群，有34座石窟。这种建筑的建造形式十分独特，有的在岩石中开凿一个独立的院落，有的则开凿成上下两层。窟内的石柱、柱脚都刻有各种风格的雕花图案，表现出对空间的独特认识。古代印度的建筑风格追求象征性，几乎没有常人的个性和世俗的内容。

印度的莫卧儿帝国在阿克巴帝执政时期建都于亚格拉城。后来，沙贾汗帝非常宠爱妻子马哈尔。妻子死后将其墓建于贾木纳河畔。也就是众所周知的泰姬陵。它是一座由镶嵌彩色玉的大理石建成的波斯式建筑，周围配有花圃和水池，在月明星稀之夜显得格外美妙。

（三）西亚的伊斯兰

巴格达的宫殿和庭院除了一些传说的记载，没有留下其他实际的遗迹，其房屋和庭院仍是沿袭传统，但室内外的关系在设计上比较密切：屋外有可供赏景的乘凉平台，庭院内有银树，以及金银制成的机械鸟和其他奇特的装饰物，景观设计上的创新则主要由土耳其人承担，他们运用拜占庭工匠的建筑方法，发展其低矮小巧的建筑群，建造成看起来像蘑菇似的建筑外观，这种想法可能受游牧部落帐篷外观的影响。

在布尔萨和后来的君士坦丁堡，土耳其人发展出一门新型的建筑规划艺术，将建筑布置在宏伟的环境景观之中。在建都布尔萨两个半世纪之后，伊斯法罕被布局为一个四周为自然景观环抱的城池，因为当时对城市绿化一无所知，这个布局设计基本上是基于美学理由发展而成的。以波斯庭院序列作为基础，平面配置以伊斯兰特有的正方形及长方形所组成。在城镇规划当中避免了对称性及完整性的追求，以图达到只有真神才可到达的完美状态。

著名的巴格达圆城，于公元762年由邻接底格里斯河的富饶国家哈利发曼苏尔兴建，作为阿拔斯王朝的新首都。幼发拉底河灌溉了两河之间的土地，而底格里斯河则滋润了东岸的土地，确定的城市圆形范围与不规则的水道形成对比。内城到处是盛开的花，这座城市后来成为香料工业的中心。

巴格达并不是唯一的圆形城，但却是唯一有留下详细描述和测量记载的城市。护城河围绕着外层的墙，在第二层较厚的城墙和最内层的墙之间是可供居住的建筑物，并且预留出宽广的中央空间，供其他公共活动和建造其他用途的建筑使用，中央空地还有清真寺和具有绿色屋顶的曼苏尔宫殿。城墙外的河川沿岸上，都是规模浩大的皇家庭院。

（四）古老的中国

中国的景观设计是从造园开始的，中国的造园艺术是景观意识的集中体现，以追求自然的精神境界为最终和最高目的，以"虽由人作，宛自天开"为审美旨趣。它深深浸透着中国文化的精神内涵，是华夏民族内在精神品格的生动写照。中国古典园林，也称中国传统园林，它历史悠久，文化内涵丰富，个性特征鲜明，表现形式多姿多彩，具有很强的艺术感染力，是世界三大园林体系之最。在中国古代各建筑类型中，古典园林景观可以算是艺术的极品。由于历史原因与传统的积累，中国人已形成了自己特有的对美的评价标准。

魏晋南北朝是我国社会发展史上的一个重要时期，这个时期的社会长期处于战乱、分裂的动荡之中。这时期的社会经济也曾一度繁荣，文化昌盛，士大夫阶层追求自然环境美。受老庄哲学影响，在当时隐逸之风大兴，以游历名山大川和以隐士身份出现，成为当时社会上层的普遍风尚。这时期的玄学代表人物嵇康曾宣称"老子、庄周，吾之师也"。以"招隐诗""游仙诗"为代表的诗体，充分反映出当时社会的审美心态，对后来的园林设计美学思想的发展，特别是江南私家园林的美学思想影响很大。这一时期还出现了许多不朽的文艺评论著作，如《文心雕龙》《诗品》。陶渊明的《桃花源记》等许多名篇，也都是这一时期问世的。晋代的陶渊明对园林设计的影响很大，他对田园生活的理解和态度，创造了中国园林史上的审美新境界，以松菊为友、琴书为伴，追求宁静自然的生活状态。这个时期以山水画为题材的创作活动也比较活跃，文人、画家开始参与造园活动，使"秦汉典范"得到进一步发展。北魏张伦府苑，吴郡顾辟疆的"辟疆园"，司马炎的"琼圃园""灵芝园"，吴王在南京修建的宫苑"华林园"等，都是这一时期具有代表性的园苑。

隋朝结束了魏晋南北朝后期的战乱状态，社会经济一度繁荣，加上当朝皇帝的荒淫奢靡，造园之风大兴。隋炀帝"亲自看天下山水图，求胜地造宫苑"。迁都洛阳之后，"征发大江以南、五岭以北的奇材异石，以及嘉木异草、珍禽奇兽"，都运到洛阳去充实各园苑景观，当时的古都洛阳成了以园林著称的京都，"芳华神都苑""西苑"等宫苑都穷极豪华。在当时城市与乡村日益隔离的情况下，那些身居繁华都市的封建帝王和朝野达官贵人，为了玩赏大自然的山水景色，在家园宅第内仿效自然山水建造园苑，不出家门，便能享受"主入山门绿，水隐湖中花"的田园乐趣。把以政治、经济为中心的都市，建成了皇家宫苑和王府宅第花园聚集的地方。

唐太宗"励精图治，国运昌盛"，使社会进入了盛唐时代，宫廷御苑设计也愈发精致，特别是由于石雕工艺已经成熟，宫殿建筑雕栏玉砌，格外突出并且显得华丽。如"禁殿苑""东都苑""神都苑""翠微宫"等。当年唐太宗在西安骊山所建的"汤泉宫"，后来被唐玄宗改作"华清宫"，其宫室殿宇楼阁"连接成城"。

唐朝后期大批文人、画家参与造园，造园家与文人、画家结合，运用诗画等传统表现手法，把诗画作品所描绘的意境情趣，引用到园景创作之中，有些甚至直接以绘画作品为设计底稿，寓画意于景，寄山水为情，逐渐把我国造园艺术从自然山水园阶段，推进到写意山水园阶段。唐朝王维是当时具有代表性的一位，他辞官隐居到蓝田县，相地造园，也就是著名的"辋川别业"，是园林史上著名的私家大园林，园内山峰溪流、堂前小桥亭台，都依照他所描绘的画图布局来筑建，如诗如画的园景，表达出他那诗情画意般的创作风格，他的组诗有"湖上一回首，山青卷白云""文杏裁为梁，香茅结为宇"等关于赞颂园林的美妙诗句。

  宋朝、元朝造园也都有一个兴盛时期，在"三吴都会，钱塘自古繁华"的杭州是宋朝园林建园数量最多的时期，士大夫文人基本都有或大或小的住宅园林。我们从宋代的诗词中可以看到它的许多细腻之处。"庭院深深深几许，杨柳堆烟，帘幕无重数""花径里，一番风雨，一番狼藉。红粉暗流随水去，园林渐觉清阴密……庭院静，空相忆"。宋朝园林开始注重境界的营造，并把审美提升到很高的层次。在客体景观的构成手法上也有了新发展，表现形式上较好地运用掩映藏露，在虚与实、曲与直、大与小、深与浅等手法的艺术处理上，创造出前所未有的艺术成就，园林设计开始走向真正的成熟。同时在景观设计用材方面也非常讲究，特别是在用石方面，比以往有了很大发展。宋徽宗在"丰亨豫大"的口号下大兴土木。他对绘画有较深的造诣，喜欢把石头作为欣赏对象。先在苏州、杭州设置了"造作局"，后来又在苏州添设"应奉局"，专司搜集民间奇花异石，舟船相接地运往京都开封建造宫苑。"寿山艮岳"的万寿山是一座具有相当规模的御苑。此外，还有"琼华苑""宜春苑""芳林苑"等一些名园。现今开封相国寺里展出的几块湖石，形体的确是奇异不凡。苏州、扬州、北京等地也都有"花石纲"遗物。宋、元时期大批文人、画家参与造园，进一步加深了写意山水园的创作意境。

  明、清是中国园林创作的高峰期。皇家园林的创建以清代康熙、乾隆时期最为活跃。这个时期社会相对稳定、经济繁荣，给建造大规模写意自然园林提供了有利条件，"圆明园""避暑山庄"等都是这个时期的力作。私家园林则是以明代建造的江南园林为主要成就，如"沧浪亭""休园""拙政园"等。同时在明末还产生了园林艺术创作的理论书籍《园冶》。他们在创作思想上，仍然沿袭唐宋时期的创作源泉，从审美观到园林意境的创造都是以"小中见大""须弥芥子""壶中天地"等为艺术创造手法。以自然写意、诗情画意为设计创作的主要理念。大型园林设计不但模仿自然山水，而且集仿各地名胜于一园，形成园中有园、大园套小园的设计风格。

  明清园林设计在继承传统的基础上又不断创新，在创作手法上有意识地对构成要素加以改造、调整、加工、提炼，从而表现一个精练、概括、浓缩的自然。它既有"静观"又有"动观"的景象营造方法和手段，从总体到局部都包含着浓郁的诗情画意。在这种空间组合形式上，明清设计师把建筑物的作用提高，使建筑成为营造景观的重要手段和方法。园林从游赏向可游、可居方面逐渐发展。充分运用一些园林建筑如亭台楼、桥廊等来做配景，使周边环境与建筑融为一体。明、清时期的园林创作因为这一特点，成为中国古典园林集大成时期。

（五）日本的景观

日本式的景观设计风格，其前身是日式传统园林景观。日式的枯山水园林设计，是日式传统园林景观的代表风格，它源于日本本土的缩微式园林景观，多见于小巧寺院。在其特有的环境气氛中，用细细耙制的白砂石铺地、叠放有致的石组摆放，其氛围能对人的心境产生神奇的力量，并能表达深沉的哲学理念。中国文化曾对日本文化的发展产生过巨大影响，特别是中国建筑群的几何式布局和自然象征主义的表现手法，为日本环境设计的发展奠定了基础。在景观设计发展过程中他们吸收中国文明的营养，结合日本的具体特点，形成了自己景观设计的特色，其风格是严肃、雅致、庄重和素净。

日本园林景观设计相信地球是有意识的，是一个生活实体，并且它的所有组成部分：人类、石头、植物、水和动物都是相互平等、相互联系着的。日本造园者在园林设计中，不是移植或复制自然，而是充分利用造园者的想象，从自然中获得灵感。他们最终的目的是创造对立统一的景观环境，即人控制着自然，某种程度上，造园活动还要尊重自然的材料，并通过这些来表现人的艺术创造性。

日本园林也选择以山水为骨干的表现形式，总体上来看，日本园林的本质为池泉式，以池比拟海洋，以石比拟孤岛，泉为水源，池为水，池泉为基础，石岛为点缀，舟桥为沟通。园林中山水尺度都偏小，早期主要用覆盖草皮的土山，后来又引入假山、岛屿和桥，园林景观的表现形式也逐步改变。在水的处理上，尽可能使水域接近自然溪流沼泽，人工味较淡，或大或小的水面，流水或滴水的声响，都要勾起人们的许多思念。以低矮植物和草地为主要绿化植物，经过梳理的植物精心种在石缝中和山石边，以突出自然生命力的美；树木是经过刻意挑选和修剪过的，富有浓郁的表情含义。石材应用也是通过精心挑选的，石灯笼、清洗器具也成为景点或构件。作为构建山水的石材，其形态质感、色彩组合要提炼成带有神化色彩的山水，要能使人们产生对名山大川的向往。日式园林设计的精心和细致也培养了观者的敏感和多情，这也是东方景观的特征。

到了现代，日本的城市景观设计依然沿袭着日式园林景观的精华，并结合了许多现代高科技的技术手段和先进的设计理念，创造出了许多杰出的景观作品。

三、古埃及与欧洲的景观

（一）古埃及

西方文明的发展是以古埃及为起点的，古埃及人在尼罗河两岸创造了古老的埃及文明。古埃及是手工业时代最发达的文明地区之一。

古埃及人追求永恒的人生，由于这种追求，因此他们创建了许多巨大的纪念性建筑，以体现在现实世界中对永恒人生的向往和追求。埃及人对人生和环境的要求，更多以视觉审美为基础,其巨大的建筑给人以永恒意念的启示。他们创建的伟大建筑,充分运用了他们掌握的天文和数学知识,建造出震惊古今的近乎不可思议的完美建筑,在诸多的伟大建筑中最伟大、最辉煌的是金字塔和神庙,它们由巨大的花岗岩或石灰岩材料构筑而成,具有强大的视觉震撼力和极强的象征性,在构筑与构材方式方法上也达到了令人难以想象和难以置信的程度。古埃及人利用他们特殊的地理位置和自然环境条件,创建出对称的方形和平面几何形式的园林,还把尼罗河的水引入园林,形成可以泛舟的水面,这为西方景观风格的形成奠定了基础。

埃及人居住的房屋大多是低矮的平顶屋,富人的住宅周边建造着精美的庭院。从第四王朝始,古埃及人选择用砖石结构的方法来构建房屋,也就是后来被称为"承柱式"的技术体系,即用垂直的立柱和墙为支撑体,在邻近的柱和墙之上,横向放置石梁柱,组成室内的封闭空间。对于柱体的造型,除方柱和连壁柱之外,还有莲花式造型。在城市布局规划上,主要以棋盘状格局为主要特征。在城市整体规划上遵循日出日落的启示,将尼罗河东岸称为"生之谷",将城市置于东岸,而西岸则主要是墓地和神殿,称为"死之谷"。古代埃及给人类社会创造出伟大的精神和物质遗产,即使今天来看,古代埃及仍然是伟大的、神秘的,甚至是不可思议的。

(二)古希腊

地中海一带是欧洲文明的摇篮,古希腊位于地中海东岸,其文明的发展深受古埃及的影响,西方文明在发展过程中以古希腊和古罗马为主要代表。古代希腊是西方民族精神的楷模,他们比较崇尚自由和探索,对知识的探求高于信仰之上,由此原因,古希腊的科学、工艺和建筑,都达到了古代社会的最高水平。

古希腊是欧洲文明的主要发源地之一,在欧洲的大部分地区还处在蛮荒状态时,古希腊已经具有了较高水准的物质和精神文明。它的文明发展除去自身发展的因素外,还受到了美索不达米亚和埃及等文化的影响。早期希腊神殿建筑非常明显地受到了埃及承柱式和传统的迈锡尼迈加隆样式的影响。相互的影响和联系对古希腊文明的发展起到促进作用。

雅典卫城是当时雅典城的宗教圣地,同时也是现在意义上的城市中心。它位于现在雅典城西南的小山岗上,山顶高于平地70~80米,东西长约280米,南北最宽处为130米。卫城中主要建筑有山门、胜利神庙、伊瑞克先神庙和雅典娜雕像。卫城中建筑和雕塑不遵循简单的轴线关系,而是因循地势建造,充分考虑了祭奠盛典的流线走向和观赏景观的效果。古希腊建筑追求与周边风景的联系与协调,追求完整的形式美感。在庙宇创建上,不太追求实用价值,而是以空间秩序的意识去寻求比例、安静的视觉和心理感受。在建筑技术上,希腊人发展了石结构的构建方法,在石材与结构的运用上达到前所未有的水平。在建筑的布局上,特别是庙宇建筑,建筑的平面多呈方形，梁架结构比较简单，运用坡顶，这一形体的建筑，逐步发展成为欧洲建筑的基本造型。

古希腊的建筑家在审美情趣和形式美感的追求上，显示出共同的风格倾向，具有高度统一的美学思想。这主要归结于他们一切从人的生活出发这一共同的审美思想和哲学观念。古希腊的艺术家不仅在建筑上获得辉煌的成就，在陶器、服饰、武器、车船、家具等方面的设计上也为人类社会的发展做出了杰出的贡献。

（三）古罗马

古代西方罗马帝国达到了又一个辉煌的时代。战争使罗马帝国变得日益强大，其统治版图也在不断扩大。古罗马帝国在奴隶制国家历史中的成就格外辉煌。罗马帝国征服了当时其他的一些强大的国家，成为自古以来第一个最强大的帝国。随之与外界一些国家诸多方面的文化交流也不断加强，它的城市规划、建筑及其景观设计都比以往有了巨大的发展。罗马人借助希腊理性城市的规划思想，为自己后来建立秩序化城市奠定了基础。他们发明修建高架水渠，并飞越山岭，把水送到罗马的宫廷花苑之中。许多建筑和田园的景观设计，为罗马贵族后来奢华的生活方式和田园生活方式引导了设计原型。

古罗马人不满足于已有的梁架结构形式，创造性地运用了天然混凝土——火山灰，发明了拱券的建筑方法，既增大了建筑的跨度，又为建筑的造型发展提供了方便。由于建筑技术的进步，古罗马的城市景观呈现出成熟完美的面貌。在柱墩与拱券发挥强大结构支撑力量的同时，对柱子进行精心的雕饰，柱子与拱券又发展成连续券，其形体面貌看上去奢华、完美。古罗马人那些特有的严峻的民族主义气概在建筑上充分地体现出来，同时也反映出古罗马当时的生活水平和审美观念都已达到了很高的水准。其城市规划与建筑已达到了比较完美的程度，并发展成为古代文明史上的经典建筑景观。

古罗马时期，战争频繁，为了战争，他们修建了道路和雄伟的凯旋门，让得胜凯旋的将士们从门券中通过，以提高将士的威严和军队的士气。古罗马还出现过许多造桥的专家，他们建造的桥梁至今留在莱茵河上。古罗马的广场设计是它的城市建设的又一个重要内容，最初广场是以买卖和集市为主要功能的，逐渐发展成集中体现那个年代严整的秩序和宏伟气势的空间环境。并将柱廊、记功柱、凯旋门建于广场，将其装扮得富丽堂皇、宏伟气派。

（四）中世纪欧洲景观

欧洲的中世纪包含着广阔的地理区域和漫长的时间跨度。从公元476年西罗马帝国的没落到15世纪文艺复兴时代开始，是历史上著名的中世纪。

中世纪的城市中教堂是最主要的公共建筑，这些建筑充分体现了当时建筑的艺术成就，给人类社会留下了丰富的建筑技术和工艺成就。中世纪的城市建设因其国家和地域的不同而千差万别，总体水平有了很大的发展，但城市与乡村的差别不是很大。中世纪的建筑所遵循的模式已超越了当时所处的社会，具有相当的现代意识。建筑师在当时也具有较高的社会地位，他们已经意识到了某种标准化计量的优越性。1264年，法国的杜埃就颁布建筑用砖的法令，规定用砖必须面宽为6英寸×8英寸。

中世纪建筑艺术的最高成就是哥特式风格的建筑。12世纪后期产生的哥特式风格一直繁荣到15世纪，成为中世纪的主流风格。这种风格最初生成于法国北部，建筑师用交叉拱建造教堂拱顶的方法，有效地解决了教堂高度与自重之间的矛盾。他们用修长的立柱和细肋结构代替了原来厚重的墙体。巨大的空间、高耸的尖顶让人感受神威至上的精神。哥特式教堂在内部装饰上除雕刻外，还采用彩色玻璃窗画。并用铅锡合金做成的嵌条，在窗户上构成各种美丽的图案。

（五）文艺复兴时期的景观

文艺复兴运动是欧洲文化发展转变的重要时期，源于意大利佛罗伦萨的文艺复兴运动对中世纪文化产生了巨大的冲击和变异，表面上看是一种在新形势下继承和利用古典文化掀起的新文化运动，其实质却是资本主义萌芽带来的思想文化变革。文艺复兴唤醒了人们沉睡多年的创造精神，使欧洲进入一个创造性的时期。它使艺术和工艺分离、设计与生产分离，使艺术与设计成为完全不同于纯手工艺的事物。

（六）巴洛克风格

巴洛克建筑和装饰的特点是外形自由、追求动感，喜好富丽的装饰、雕刻和强烈的色彩，常用穿插的曲线和椭圆形空间来表现自由的想象和营造神秘气氛。建筑看起来像大型雕塑，半圆形券、圆顶、柱廊充满精神祈求的外形成为其最显著的特征，巴洛克风格的建筑型体与装饰多采用曲线，使用夸张的纹饰，使其富有情感。巴洛克风格打破了文艺复兴晚期古典主义者制定的种种清规戒律，同时也反映出人们向往自由的世俗思想，到近代在法国、德国、英国巴洛克风格达到顶峰状态。

（七）法国的古典主义

16世纪的法国正处于摆脱中世纪精神向古典主义转型的时期。法国位于欧洲大陆的西部，国土总面积约为55万平方公里，是西欧国土面积最大的国家。它大部分陆地为平原地貌，气候温和、雨量适中，是明显的海洋性气候。这样的地理位置和气候，为多种植物的生存繁衍提供了有利的条件，也为园林设计提供了丰富的素材。巴黎作为法国的政治、经济、文化中心，使法国所有的古典景观设计几乎都集中在这一带。文艺复兴运动和亨利四世同意大利马里耶·德梅迪斯的联姻，给法国文化带来了意大利文化的影响，为法国古典主义园林设计增添了营养，也使法国造园艺术发生了较大的变化。16世纪上半叶，继英法战争之后，瓦卢瓦王朝的弗朗索瓦一世和亨利二世又发动了侵略意大利的战争,虽然他们的远征以失败告终,但接触了意大利文艺复兴的文化,并深受意大利文化的影响,对造园艺术的影响表现在:花园里不仅出现了雕塑、图案式花坛以及岩洞等造型,而且出现了多层台地的格局,进一步丰富了园林的表现内容和表现形式。

16世纪中叶,随着中央集权的加强,园林设计艺术有了新的变化。建筑表现形式呈现庄重、对称的格局,植物与建筑的关系也变得密切,园林布局以规则对称为主要构成方式,观赏性增强。规划设计从局部布置转向注重整体,提倡有序的造园理念,造园布局注重规则有序的几何构图,在植物要素的处理上,运用植物以绿墙、绿障、绿篱、绿色建筑等形式来表现,倡导人工美的表现。

四、近现代景观设计

近代景观设计起源于西方文明的思想变迁,从16世纪到18世纪,西方文明从封建专制走向自由资本主义。资本主义使世界性的商业交流变得频繁和方便,商贸交易使一些西方国家的经济得到迅速发展,随之而行的国家之间的文化交流也日渐增多。在景观设计方面突出表现为设计思想跨越了地域,文化间的相互交流与影响使景观设计向综合观念发展。这个时期在景观设计领域出现了很多学派:"欧陆学派""中国学派""英国学派"等都产生于这一时期,这些学派的产生也是相互交流、相互影响的结果。这个时期具有影响力的是法国的景观设计,其主要案例是凡尔赛宫苑和图勒瑞斯的扩建,同时也将景观设计的要素穿插到城镇规划和城市空间设计中,这对"欧陆学派"的形成有决定性的影响。整个18世纪法国和意大利的几何式规划设计风格,对欧洲的景观设计都有决定性的影响。法国人强调空间的组织性和整体性,讲究主次分明,这种规划秩序的观念对以后的城镇规划设计产生了很大的影响。这一时期中国的景观对欧洲的影响主要是园林和建筑及其布局,其表现手法和表现形式被广泛采用,中国文化的介入对欧洲景观设计产生了不可忽视的影响,但对中国园林的设计理念,欧洲人并没有真正地理解,这与文化的基础和对其价值内容的认同有直接的关系。"英国学派"的审美意识则充分表现出英国人热爱自然的自由主义倾向,它的具体表现体现在注重人与自然的关系,讲求环境空间优化设计,结合地形地貌的变化,将建筑、农场、植物等与自然环境相结合,构成一幅幅画一般的景象,将实用场所升华到艺术氛围。英国式自然风景园林的兴起和发展,加速了英国景观从古典主义向浪漫主义的转化。这些学派的形成与发展,对欧洲景观设计的发展产生了很大影响。

这个时期的欧洲民族意识已完全取代了君王意志,这期间经济和文化的交流打破了保守的古典设计风格,来自世界各地不同风格的景观设计相互影响。植物品种的相互引入,促使欧洲的景观设计呈多元化趋势迅速发展,特别是建筑风格设计多样性的表现尤为突出，除去欧式的传统风格建筑外，埃及式、印度式和受日本影响开创的英国都市花园风格等，同时登上欧洲建筑舞台；另外，欧洲不同流派的画家对景观设计的理解，对景观设计观念的改变也有较大的促进作用。

  19世纪，西方国家城市工业化的迅速发展，使社会结构发生了重大变革，工业革命和科技的发展，催生了现代建筑景观的产生与发展，人们的思想和生活态度也发生了重大变化，对传统体制的反叛思想逐渐滋生和发展，改变旧的生活观念、行为方式和生活态度逐步成为行为主流。城镇建设迅速向郊区发展，大片土地被开发为工业用地，城市不断向现代化、巨大化迈进。这种变化在给社会发展和人民的生活带来诸多方便的同时，也带来了许多负面的效应，工业化不但迅速恶化了人与自然的关系，也淡化了人与人之间的情感，生态环境迅速恶化，人口爆炸、资源缺乏、各种污染加剧，使人类自身的生存和延续受到前所未有的威胁，环境问题不断出现，并且日趋严峻。现实环境中能够与自然融为一体的环境越来越少，人们对多一些"自然"的生存环境与空间充满向往。

  当代科学技术的飞速进步，为城市建设带来了丰富的建筑材料和几乎无所不能的技术手段，技术的进步导致设计发生了根本性的变革；新型材料的出现，如混凝土、金属、玻璃等，使建筑观念和建筑形式得到彻底的改变。1851年在英国伦敦出现的用钢和玻璃建造的水晶宫，把高科技用于建筑的构想变成了现实。新材料、新技术的运用也为城市规划和景观设计带来了新的表现思路和表现方法。各种各样的金属材料，如钢、不锈钢、镀锌钢、铝和各种合金，各种各样的合成材料为创新环境提供了丰富的质感和色彩。当玻璃发展成为一种可以用来承重的材料时，它的运用方式有了革命性的变化，新材料的应用也意味着新结构形式的产生。金属材料的运用使建筑跨度加大，表现形式愈加丰富，新颖的结构方式使建筑以全新的视觉形象出现。观念的改变使设计者对传统材料的运用也有了全新的表达方式，新的结构美学代替了古典的装饰美学。新技术的运用不仅降低了成本，而且开拓了景观设计的无限可能性。

  21世纪的城市环境设计，将会在以人文和科技领先的设计理念的基础上来进行。它给我们带来的不仅仅是一些新材料、新科技的展示，而且是集生态学、心理学、社会学、设计学、环境保护、美学、材料学等为一体的整体优化的系统设计，将给追求健康、环保、美丽、和谐的未来社会带来更高品质的视觉感受。

（一）现代化的城市景观

  城市是人类社会文明和文化发展的重要标志，任何一个国家都会有几座各方面都比较发达的城市作为国家形象的标志。城市作为人类文明的载体，既积聚了物质和经济，又积聚了文化和艺术。实现城市现代化是城市发展的必然过程，是城市的品质和发展质量方面进步和提高的过程；城市现代化的建设是城市经济高效益化、城市社会文明化、城市环境优质化和城市管理科学化的系统集合，也是现代人追求现代生活的需求。城市现代化给人最直接的视觉感受是景观功能和表现形式的变化，突出表现在规划和建筑技术和风格的变化上。老城市的格局与功能、规模等都已经不适合现代化城市建设的发展要求，所以必须进行改进或重建，这个过程中对许多问题的讨论、探求、争议等一直都十分激烈，至今也没有形成一种主导意见和表现形式可以作为主流设计思想。这恐怕会成为一个长期研究的题目，毕竟社会是不断向前发展的，新问题会不断出现，并且是呈多元化发展趋势的。城市现代化在给人类带来许多益处的同时，也带来一系列严重的环境问题。城市的特点表现为拥挤、喧闹、污染和紧张。城市建设的主要矛盾表现为经济与文化在发展过程中的冲突，特别是经济建设对城市中的自然生态景观、人文景观等在存留与保护方面造成的极大影响甚至破坏。如何进行现代化的城市建设，是一个需要长期不断探索和研究的重要课题，在这当中有一点是必须长期坚守的，就是城市现代化建设必须是在科学、文化、系统规划指导下进行城市景观建设，坚持以延续文明为目的的环境设计。如果一味追求高科技和多元化发展，城市会变成没有生气的商业机器。

城市现代化建设在当今时代要求体现生态的作用。生态科技的发展是应对环境不断恶化而采取的手段，也是促进现代景观设计进步的重要动力，发展生态所带来的新技术，是促使目前景观面貌改变的重要因素之一。许多景观设计利用现代生态科技成果，运用当代工程技术，不仅赋予景观设计以新型环境空间，带来新的表现语言和视觉感受，还带来了生态保护和发展的成果。在现代化城市建设与发展过程中，坚持优化景观生态、科学系统、长期有效地使城市保持生机，是城市建设的基本原则。具体操作上，要从区域地质地理环境背景的演变出发，探讨区域条件下的自然生态与景观特征，运用景观生态学、城市规划和环境科学原理，进行整体化的区域景观生态规划，从整体上改善、优化城市景观生态，生态保护与生态建设并举。充分考虑环境的承载能力和景观生态的适宜性，使之合乎自然发展规律，健康、和谐、长久、系统地良性发展。

（二）现代建筑设计

现代建筑设计的发展依赖于思想革命，是生存观念上的巨大突破，它标志着新的经济模式和新的生活态度。现代设计追求个性表现、追求科技与形式和功能的表现，突出主观理念的表达，把建筑设计艺术推向一个新的历史阶段。现代主义建筑思潮主要是指产生于19世纪后期到20世纪中叶，在世界建筑潮流中占据主导地位的一种建筑思想。现代主义企图建立一种新的审美秩序，在建筑设计上不仅体现在材料和技术的应用上，在各个方面都力图以全新的理念彻底打破传统的理念和秩序。这种建筑的风格具有鲜明的理想主义和激进主义色彩，被称为现代派建筑。现代主义建筑思想坚定主张建筑要脱离传统形式的束缚，坚持创建适应工业化社会条件和要求的新型建筑。

现代主义建筑提倡和探求新的建筑美学原则。其中包括表现手法和建造手段的统一；建筑形体和内部功能的配合；建筑形象的逻辑性；灵活均衡的非对称构图；简捷的处理手法和纯净的体形；在建筑艺术作品中吸取视觉艺术的新成果，拒绝装饰的东西。

19世纪末20世纪初，西方文化思想发生了巨大动荡。这种社会背景下的德国和法国成为当时建筑思潮最活跃的国家。德国格罗皮乌斯、密斯·凡德罗，法国勒·柯布西耶三位建筑师，成为主张全面改革建筑的杰出代表人物。1923年勒·柯布西耶发表《走向新建筑》，提出比较激进的改革建筑设计的主张和理论，并于1927年在德国斯图加特市举办展示新型住宅设计的建筑展览会。1928年各国新派建筑师成立国际现代建筑会议的组织，到20年代末，一种旨在符合工业化社会建筑需要与条件的建筑理论渐渐形成，这就是所谓的现代主义建筑思潮。

格罗皮乌斯、勒·柯布西耶、密斯·凡德罗等人在这个时期设计建造了一些具有现代风格的建筑。其中影响较大的有格罗皮乌斯的包豪斯校舍，勒·柯布西耶的萨伏伊别墅、巴黎瑞士学生宿舍和他的日内瓦国际联盟大厦设计方案，密斯·凡德罗的巴塞罗那博览会德国馆等。这些现代感很强的建筑设计在当时产生了极大的影响，在言论和作品设计中他们都提倡"现代主义建筑"，强调建筑要随时代发展，要同工业化社会相适应，并采用新材料和新结构进行建筑设计，充分发挥材料及结构的特性，深入研究和解决建筑的实用功能和经济问题，发展和运用新的建筑美学，创新建筑风格。他们研究的理论和实践作品，对世界建筑的发展产生了深刻影响。现代主义建筑思潮本身包括多种流派，各家的侧重点并不一致，创作也各有特色。20世纪20年代格罗皮乌斯、勒·柯布西耶等人所发表的言论和设计作品主要包括以下一些基本特征：

1. 强调建筑随时代发展变化，现代建筑应同工业时代相适应。
2. 强调建筑师应研究和解决建筑的实用功能与经济问题。
3. 主张积极采用新材料、新结构，促进建筑技术革新。
4. 主张坚决摆脱历史上建筑样式的束缚，放手创造新建筑。
5. 发展建筑美学，创造新的建筑风格。

现代建筑在发展过程中，在许多方面受技术和经济的影响比较大，它的物质基础也得益于科技和工业化的发展，由于科学技术的发展已经渗透到规划设计、建筑设计以及人们日常生活的各个方面，所以直接影响着建筑设计的发展。建筑作为景观，它的科技含量越高，越能体现其设计的现代意识，高新技术成果的利用程度，也将会成为评价现代建筑和环境设计艺术的重要标志之一。运用现代科学技术来拓展人们多层次的生活空间，为环境设计实现人性化提供了极大的方便。现代建筑设计的发展也带来了新问题。比较集中突出的问题表现在：它逐步切断了与传统文脉的联系，放弃了人与历史和传统的关联,加大了人与人之间的距离。

(三)后现代主义建筑设计

后现代主义建筑思潮:是对20世纪70年代以后,修正或背离现代主义建筑观点和原则倾向的统称。现代主义建筑思潮在20世纪50～60年代达到高潮。1966年美国建筑师文丘里发表著作《建筑的复杂性和矛盾性》,明确提出了种种同现代主义建筑原则相反的论点和创作主张。如果说1923年出版的勒·柯布西耶的《走向新建筑》是现代主义建筑思潮的一部经典性著作,那么《建筑的复杂性和矛盾性》可以说是后现代主义建筑思潮最重要的纲领性文献。他的言论对启发和推动后现代主义运动,有着极其重要的推动作用。文丘里批评现代主义建筑师只热衷于革新,而忘记了自己应是"保持传统的专家"。文丘里提出的保持传统的具体做法是"利用传统部件和适当引进新的部件组成独特的总体""通过非传统的方法组合传统部件"。他主张吸取民间建筑的创作手法,推崇美国商业街道上自发形成的建筑环境。文丘里概括地说:"对艺术家来说,创新可能就意味着从旧的现存的东西中挑挑拣拣。"这成为后现代主义建筑师的基本创作方法。到20世纪70年代,建筑界反对和背离现代主义的倾向更加强烈。

对于什么是后现代主义、什么是后现代主义建筑的主要特征,人们并没有一致的主张和理解。后现代主义没有明确的宣言和统一的设计风格,也没有一种固定的设计形式和统一的设计程序。美国建筑师斯特恩提出后现代主义有三个特征:(1)采用装饰。(2)具有象征性或隐喻性。(3)与现有环境融合。后现代主义并不否定现代主义。它的基本结构特征是消除差异,表现为一种比较混杂折中的设计语言,用以改变现代主义单一贫乏的设计面貌。后现代主义从某种意义上讲,应该说是对现代主义的继承和发展,是更加关注与人的感性需求直接相关的设计形式,在一定程度上它排斥现代主义只重理性与结构,以及缺乏人性和多样性的设计形式,是对其进行的补充和发展。在形式问题上,后现代主义者搞的是新的折中主义和手法主义,是表面的东西。在建筑表现形式方面突破了常规,其作品带有启发性。

后现代建筑从20世纪70年代进入高潮,以这种设计形式构建的作品在世界各发达国家的城市中普遍出现,其中具有代表性的建筑要数澳大利亚的悉尼歌剧院和法国的蓬皮杜文化艺术中心。悉尼歌剧院是丹麦设计师约恩·乌松(Jorn utzon)设计的。整个建筑外观像一组形式感很强的雕塑,其创意灵感有的说来自风帆,有的说来自剥开的橙子的启示。整个建筑由建筑群组成,洁白的外装材料在大海和蓝天的衬托下亲切而壮观,建筑群的最大特点是它的莲瓣形薄壳屋顶,俯瞰全岛,共有大小三组这样的结构,最大一组是音乐厅,其次是歌剧厅。在它的左侧,也是前一后三的结构,但规模略小。就设计形式而言,歌剧院独特的艺术形象及表现形式使它的个性非常突出,节奏感非常强。作为后现代建筑的代表,它阐明了一种新的环境设计思想和表现方法。

法国蓬皮杜国家文化艺术中心，作为现代主义发展的产物，从另一角度显示出后现代建筑多元性的特点，这件作品极力运用当代高科技手段，用夸张的表现形式和晚期现代空间表现的艺术手法，将原本隐匿的结构与构造有意显露，结合材料特性和质感塑造外观形象，这是以往建筑所不曾有过的外观表现形式。设计师曾这样表述过自己的作品"这幢房屋既是一个灵活的容器，又是一个动态的交流机器。它是由高质量的材质制成的，它的目标是要直截了当地贯穿传统文化艺术惯例的极限，而尽可能地吸引最多的群众"。在设计与表现形式上，建筑师刻意把建筑的内部结构充分暴露在建筑的外观上，设备、设施都显露在建筑外观上，是建筑表现的一个创举。主立面布满了五颜六色的管道：红色代表交通系统，绿色代表供水系统，蓝色代表空调系统，黄色代表供电系统。背立面是交错的玻璃管道，内部是自动电梯。这种设计方法，完全打破了传统建筑观念的束缚，把一个文化艺术设施变成了人们观念中的一座工厂，或一台机器的形象。这件作品发展了以结构形式、建筑设备、材料质感、光影造型等为表现内容的美学法则，引起了巨大的争议，这件作品的创造，充分说明了多元化设计存在的必要性。

当代建筑的主要特征是有意与传统决裂，追求新异的形态和技术美感的表现，寻求新的美感和秩序，是追求和探索的过程，也是社会进步和发展的必然。

西方现代景观设计的发展，为探索和确定新时期景观设计的审美观念，起到了奠定基础和推动探索的重要作用。现代城市景观设计要求既保护好文化遗产，又要传承好文化脉络。它要求城市的文化底蕴显现，不能只是在历史典籍中寻找，要充分体现在现存的古迹、建筑、风土人情、自然遗产等方面的利用与保护之中。将城市中已经存在的内容最大限度地融入城市整体建设之中，使之成为现代化城市的有机内涵，尽可能把科学技术与现代文化和本土文化融合在一起。既不排除吸收外来文化，又要尽量挖掘本土文化的精华，加以提炼和继承，增强城市景观的文脉性，领悟地域文化的重要性。

第四节　生态景观艺术设计的要素

一、地形地貌

（一）概念

地形地貌是景观设计最基本的骨架，是其他要素的承载体。在景观设计中所谓的"地形"，实指测量学中地形的一部分——地貌，我们按照习惯称为地形地貌。简单地说，地形就是地球表面的外观。就风景区范围而言，地形包括以下较为复杂多样的类型，如山地、江河、森林、高山、盆地、丘陵、峡谷、高原以及平原等，这些地表类型一般称为"大地形"；从园林范围来讲，地形包含土丘、台地、斜坡、平地等，这些地表类型一般称为"小地形"；起伏较小的地形称为"微地形"；凸起的称为"凸地形"，凹陷的称为"凹地形"。所以对原有地形的合理使用（利用或改造地形），在没有特殊需求的情况下，尽量保持原有场地，这样会减少土方工程，从而也就降低工程造价，使自然景观不被破坏，这也是对地形地貌的最佳使用原则。

（二）功能作用

地形地貌在景观设计中是不可或缺的要素，因为景观设计中的其他要素都在"地"上来完成，所以它扮演着较为重要的作用，体现在以下几方面：

1. 分隔空间

利用地形不同的组合方式来创造和分隔外部空间，使空间被分割成不同性质和不同功用的空间形态。空间的形成可通过对原基础平面进行土方挖掘，以降低原有地平面高度；或在原基础平面上增添土石等进行地面造型处理；或改变海拔高度构筑成平台或改变水平面。这些方法中的多数形式对构成凹面和凸地形都是非常有效的。

2. 控制视线

地形的变化对人的视线有"通"和"障"的作用与影响，通过地形变化中空间走向的设计，人们的视线会沿着最小阻碍的方向通往开敞空间，对视线有"通"的引导作用与影响。利用填充垂直平面的方式，形成的地形变化能将视线导向某一特定区域，对某一固定方向的可视景物和可视范围产生影响，形成连续观赏或景观序列，可以完全封闭通向不悦景物的视线，为了能在环境中使视线停留在某一特殊焦点上，视线两侧的较高地面犹如视野屏障，封锁住分散的视线，起到"障"的作用，从而使视线集中到景物上。苏州拙政园入口处就利用了凸地形的作用来屏障人的视线，从而起到欲扬先抑的作用。

3. 改善小气候

地形的凹凸变化对气候有一定的影响。从大环境来讲，山体或丘陵对采光和遮挡季风有很大的作用；从小环境来讲，人工设计的地形变化同样可以在一定程度上改善小气候。从采光方面来说，如果为了使某一区域能够受到阳光的直接照射，并使该区域温度升高，该区域就应使用朝南的坡向，反之使用朝北的坡向。从风的角度来讲，在做景观设计时要根据当地的季风来进行引导和阻挡，地形的变化，如凸面地形、地、土丘等，可以用来阻挡刮向某一场所的季风，使小环境所受的影响降低。在做景观设计时，要根据当地的季风特征来进行引导和阻挡。

4. 美学功能

地形的形态变化对人的情感生成有直接的影响。地形在设计中可以被当作布局和视觉要素来使用。在现代景观设计中，利用地形变化表现其美学思想和审美情趣的案例很多。凸地形、凹地形、微地形，不同的地形给人以不同视觉感受，同时产生审美功能。

（三）地形地貌的设计原则

地形地貌的处理在景观规划设计中占有主要的地位，也是最为基础的，即地形地貌处理得好坏直接关系到景观规划设计的成功与否。所以我们在理解了地形地貌在景观规划设计中的功能作用基础上，应了解地形地貌的设计原则。

地形设计的一个重要原则是因地制宜，巧妙利用原有的地形进行规划设计，充分利用原有的丘陵、山地、湖泊、林地等自然景观，并结合基地调查和分析的结果，合理安排各种用地坡度的要求，使之与基地地形条件相吻合。如亭台楼阁等建筑多需高地平坦地形；水体用地需要凹地形；园路用地则要随山就势。正如《园冶》所论"高方欲就亭台，低凹可开池沼"，利用现状地形稍加改造即成自然景观。另外，地形处理必须与景园建筑景观相协调，以淡化人工建筑与环境的界限，使建筑、地形、水体与绿化景观融为一体。如苏州拙政园梧竹幽居景点的地形处理非常巧妙。

二、植物

景观设计中唯一具有生命的要素，那就是植物，这也是区别其他要素的最大特征，这不仅体现在植物的一年四季的生长，还体现在季节的更替、季相的变化等。所以植物是一种宝贵的财富，合理地开发、利用和保护植物是当前的主要问题。

（一）植物的作用

1. 生态效益

植物是保护生态平衡的主要物质环境，它既能给国家带来长远的经济效益，又会给国家带来良好的自然环境。植被在景观生态中发挥的作用非常明显，可以改善城市气候、调节气温、吸附污染粉尘、降音降噪、保护土壤和涵养水源，夏天免受阳光的暴晒，冬天，阳光能透过枝干给予人们冬天里的一点温暖。植物叶片表面水分的蒸发和光合作用能降低周围空气的温度，并增加空气湿度。在我国西北地区风沙较大，常用植物屏障来阻挡风沙的侵袭，作为风道又可以引导夏季的主导风。具有深根系的植物、灌木和地被等植物可作为护坡的自然材料，保持水土不被破坏。在不同的环境条件下，选择相应的植物使其生态效益最大化。

2. 造景元素

植被通过合理配置用于造景设计，给人们提供陶冶精神、修身养性、休闲的场所。

植物材料可作为主景和背景。主景可以是孤植，也可以是丛植，但无论怎样种植，都要注重其作为主体景观的姿态。作为背景材料时，应根据它衬托的景观材质、尺度、形式、质感、图案和色彩等决定背景材料的种类、高度和株行间距，以保证前后景之间既有整体感又有一定的对比和衬托，从而达到和谐统一。另外植物本身还有季相变化，用植物陪衬其他造园题材，如地形、山石、水系、建筑等，构建有春夏秋冬四时之景、能产生生机盎然的画面效果。

3. 引导和遮挡视线

引导和遮挡视线是利用植物材料创造一定的视线条件来增强空间感，提高视觉空间序列质量。视线的引与导实际上又可看作景物的藏与露。根据构景的方式可分为借景、对景、漏景、夹景、障景及框景几种情况，起到"佳则收之，俗则屏之"的作用。

4. 其他作用

植物材料除了具有上述的一些作用外，还具有柔化建筑生硬呆板的线条，丰富建筑外观的艺术效果，并作为建筑空间向景观空间延伸的一种形式。对于街角、路两侧不规则的小块地，用植物材料来填充最为适合。充分利用植物的"可塑性"，形成规则和不规则，或高或低变化丰富的各种形状，表现各种不同的景观趣味，同时还增加了环境效益。

（二）植物配置形式

植物配置是根据植物的生物学特性，运用乔木、灌木、藤本及草本植物等材料，通过科学和艺术手法加以搭配，充分发挥植物本身的大小、形体、线条、色彩、质感和季相变化等自然美。植物配置按平面形式分为规则式和不规则式两种，按植株数量分为孤植、丛植、群植几种形式。

1. 按平面形式

（1）规则式。规则式适用于纪念性区域、入口、建筑物前、道路两旁等区域，以衬托严谨肃穆整齐的气氛。规则式种植一般有对植和列植。对植一般在建筑物前或入口处，如柏、侧柏、雪松、大叶黄杨、冬青等；列植主要用于行道树或绿篱种植形式。行道树一般选用树冠整齐、冠幅较大、树姿优美、抗逆性强的，如悬铃木、马褂木、七叶树、银杏、香樟、广玉兰、合欢、榆、松、杨等树种；绿篱或绿墙一般选常绿、萌芽力强、耐修剪、生长缓慢、叶小的树种。

（2）不规则式。不规则式又称为自然式，这种配置方式是按照自然植被的分布特点进行植物配置，体现植物群落的自然演变特征。在视觉上有疏有密、有高有低、有遮有敞，植物景观呈现出自然状态，无明显的轴线关系，主要体现的是一种自由、浪漫、松弛之美感。植物景观非常丰富，有开阔的草坪、花丛、灌丛、遮阴大树、色彩斑斓的各类花灌木，游人散步可经过大草坪，也可在林下小憩或穿行在花丛中赏花。因此，可观赏性高，季相特征十分突出，真正达到"虽由人作，宛自天开"的效果。

2. 按植株数量

（1）孤植，常选用具有体形高大雄伟、姿态优美、冠大荫浓、花大色艳芳香、树干奇特或花果繁茂等特征的树木个体，如银杏、枫树、雪松、梧桐等。孤植树多植于视线的焦点处或宽阔的草坪上、庭园内、水岸旁、建筑物入口及休息广场的中部位置等，引导人们的视线。

（2）丛植，树木较多，少则三五株，多则二三十株，树种既可相同也可不同。为了加强和体现植物某一特征的优势，常采用同种树木丛植来体现群体效果。当用不同种类的植物组合时，要考虑生态习性、种间关系、叶色和视觉等方面的内容，如喜光种类宜在上层或南面，耐阴种类植于林下或栽种在群体的北面。丛植常用于公园、街心小花园、绿化带等处。

（3）群植，自然布置的人工栽培模拟群落。一般用于较大的景观中，较大数量的树木按一定的构图方式栽在一起，可由单层同种组成，也可由多层混合组成。多层混合的群体在设计时也应考虑种间的生态关系，最好参照当地自然植物群落结构，因为那是经过大自然法则而存留下来的。另外，整个植物群体的造型效果、季相色彩变化和疏密变化等也都是群植设计中应考虑的内容。

以上所述的植物配置形式，往往不是孤立使用的。在实践中，只有根据具体情况，由多种方法配合运用，才能达到理想效果。

（三）植物配置原则

1. 多样化

多样化的一层含义是植物种类的多样化，增加植物种类能够提高城市园林生态系统的稳定性，减少养护成本与使用化学药剂对环境的危害，同时涵盖足够多的科属，有观花的、观叶的、观果的和观干的植物，将它们合理配置，体现明显的季节性，达到春花、夏荫、秋色、冬姿，从而满足不同感官欣赏的需求。另一层意思是园林布局手法的丰富多彩以及植物种植方式的变化。如垂直绿化、屋顶花园绿化等，不仅能增加建筑物的艺术效果，使其更加整洁美观，而且占地少、见效快，对增加绿化面积有明显的作用。

2. 层次化

层次化是充分发挥园林植物作用的客观要求，是指植物种植要有层次、有错落、有联系，要考虑植物的高度、形状、枝叶茂密程度等，使植物高低错落有致，乔木、灌木、藤本、地被、花卉、草坪配置有序，常绿植物、落叶植物合理搭配，不同花期的种类分层配置，不同的叶色、花色，不同高度的植物搭配，使色彩和层次更加丰富。

3. 乡土化

乡土化是植物配置的基础。乡土化一方面是指树种乡土化，另一方面是景观设计体现乡土特色。乡土树种是指本地区原产的或经过长期栽培已经证明特别适应本地区生长环境的树种，能形成较稳定的具有地方特色的植物景观。乡土化就是以它们为骨干树种，通过乡土植物造景反映地方季相变化，重要的是管理方便、养护费用低。乡土化使每个城市都有自己特别适合的树种或景观风格，如果各地都一阵风建大草坪、大广场，那么城市的特点就没了，给人以千篇一律的面貌。因此，乡土化就是因地制宜、适地适树、突出个性，合理选择相应的植物，使各种不同习性的景观植物，与之生长的土地环境条件相适应，这样才能使绿地内选用的多种景观植物，正常健康地生长，形成生机盎然的景观效果。

4. 生态化

城市景观设计生态化的目的是为了改善生态环境、美化生态环境，增进人民身心健康。所以如何在有限的城市绿地面积内选用更能改善城市生态环境的植物和种植方式，是植物配置中必须考虑的问题。随着城市生态景观建设的不断深入，应用植物所营造的景观应该既是视觉上的艺术景观，也是生态上的科学景观。首先城市景观应以树木为主，不能盲目种大面积的草坪，因为树木生态效益的发挥要比草坪高得多，再就是草坪后期养护费用高。其次城市景观绿化在植物的选择上要做到科学搭配，尽量减少形成单一植物种类的群落，注意常绿和落叶树种的搭配，使具有不同生物特性的植物各得其所。

综上所述，在进行植物配置时，综合以上几个原则，做到在空间处理上植物种类的搭配高低错落，结构上协调有序，充分展示其三维空间景观的丰富多彩性，达到春季繁花似锦，夏季绿树成荫，秋季硕果累累，冬季银装素裹。

三、主次林荫道

林荫道在传统城市规划里充当着非常重要的角色，它不仅具有吸尘、隔音、净化空气、遮阳、抗风等作用，而且林荫道自身的形态空间也是一条美丽的风景线，它两边对称的植物所形成的强烈的透视效果具有戏剧性的美感与特色。对于林荫道的设计，最重要的一点就是不同区段的变化，而且每个区段要体现自身的特点，如色彩、密度、质感、形态、高低错落等，都要予以充分的重视，以充分体现景观内涵。

四、道路铺装

道路不仅是联系各区域的交通路径，而且通过不同形式的铺装使道路在景观世界里也起到增添美感的作用。道路的铺装不仅给人以美观享受，还有交通视线引导作用（包括人流、车流），而且蕴含着丰富的文化艺术功能，如使用"鹿""松""鹤""荷花"象征长寿、富贵等吉祥的图案，在中国古典园林中的铺装中寓意表现极为丰富。因此设计者应该根据场地类型、功能需求和使用者的喜好等因素来考虑使用哪一种铺装形式。所以要做好铺装设计首先要了解铺装的作用和它的形式等内容。

（一）道路铺装的作用

人们的户外生活是以道路为依托展开的，所以地面铺装与人的关系最为密切，它所构成的交通与活动环境是城市环境系统中的重要内容，道路铺装景观也就具有交通功能和环境艺术功能。最基本的交通功能可以通过特殊的色彩、质感和构形加强路面的可辨识性、分区性、引导性、限速性和方向性等。如斑马线、减速带等。环境艺术功能通过铺装的强烈视觉效果起着提供划分空间、联系景观以及装饰美化景观等作用，使人们产生独特的激情感受，满足人们对美感的深层次心理需求，营造适宜人的气氛，使街路空间更具人情味与情趣，吸引人们驻足进行各种公共活动，从而使街路空间成为人们利用率较高的城市高质量生活空间。

（二）铺装表现形式要素

景观设计中铺装材料很多（请参阅前文），但都要通过色彩、纹样、质感、尺度和形状等几个要素的组合产生变化，根据环境不同，可以表现出风格各异的形式，从而造就了变化丰富、形式多样的铺装，给人以美的享受。

1. 色彩

色彩是心灵表现的一种手段，一般来说暖色调表现热烈、兴奋，冷色调表现为素雅、幽静。明快的色调给人清新愉悦之感，灰暗的色调则给人沉稳宁静之感。因此在铺装设计中有意识地利用色彩变化，可以丰富和加强空间的气氛。如儿童游乐场可用色彩鲜艳的铺装材料，符合儿童的心理需求。另外，在铺装上要选取具有地域特性的色彩，这样才可充分表现出景观的地方特色。

2. 纹样

在铺装设计中，纹样起着装饰路面的作用，以它多种多样的图案纹样来增加景观特色。

3. 质感

质感是人通过视觉和触觉而感受到的材料质感。铺装的美，在很大程度上要依靠材料质感的美来体现。这样不同的质感创造了不同美的效应。

五、水景设计

水具有流动、柔美、纯净的特征，成为很好的景观构成要素。"青山不改千年画，绿水长流万古诗"道出了水体景观的妙处。水有较好的可塑性，在环境中的适应性很强，无论春、夏、秋、冬均可自成一景。水是所有景观设计元素中最具独特吸引力的一种，它带来动的喧嚣、静的平和、韵致无穷的倒影。

（一）水体的形态

水景设计中水有"静水""动水""跌水""喷水"四种基本形式。静态的水景，平静、幽静、凝重，其水态有湖、池、潭、塘及流动缓慢的河流等。动态的水景，明快、活泼、多彩、多姿，多以声为主，形态也丰富多样，形声兼备；动态水景的水态有喷泉、瀑布、水帘、溢流、溪流、壁泉、泄流、间歇流，还有各色各样的音乐喷泉等。

水在起到美化作用的同时，通过各种设计手法和不同的组合方式，如静水、动水、跌水、喷水等不同的设计，把水的精神表达出来，给人以良好的心理享受和变幻丰富的视觉效果。加之人具有天生的亲水性，所以水景设计常常成为环境设计中的视觉焦点和活动中心。

（二）理水的手法

1. 景观性

水体本身就具有优美的景观性，无色透明的水体可根据天空、周围景色的改变而改变，展现出无穷的色彩；水面可以平静而悄无声息，也可以在风等外力条件下变化异常，静时展现水体柔美、纯净的一面，动时发挥流动的特质；再通过选用与水体景观相匹配的树种，会创造出更好的景观效果。

2. 生态性

水景的设置，一定要遵循生态化原则，即首先要认清自然提供给我们什么，又能帮助我们什么，我们又该如何利用现有资源而不破坏自然的本色。比如还原水体的原始状态，发挥水体的自净能力，做到水资源的可持续利用，达到与自然的和谐统一，体现人类都市景观与自然环境的相辅交融。

3. 文化性

首先要明确水景是公众文化，是游人观赏、休闲和亲近自然的场所。所以要尽量使人们在欣赏、放松的同时，真正体会到景观文化的重要性，进而达到人们热爱自然、亲近自然、欣赏自然的目的。水景设计应避免盲目的模仿、抄袭和缺乏个性的做法。要体现地方特色，从文化出发，突出地区自身的景观文化内涵。

4. 艺术性

不同的水体形态具有不同的意境，通过模拟自然水体形态，如跌水，在阶梯形的石阶上，水泄流而下；瀑布，在一定高度的山石上，水似珠帘、成瀑布而落；喷泉，在一块假山石上，泉水喷涌而出等水景创造出"亭台楼阁、小桥流水、鸟语花香"的意境。另外可以利用水面产生倒影，当水面波动时，会出现扭曲的倒影，水面静止时则出现宁静的倒影，水面产生的倒影，增加了园景的层次感和景物构图艺术的完美性。如苏州的拙政园小飞虹，设计者把水的倒影利用得淋漓尽致。

（三）水景设计应注意的问题

1. 与建筑物、石头、雕塑、植物、灯光照明或其他艺术品组合相搭配，会起到出人意料的理想效果。

2. 水容易产生渗漏现象，所以要考虑防水、防潮层、地面排水的处理设计。

3. 水景要有良好的自动循环系统，这样才不会成为死水，从而避免视觉污染和环境污染。

4. 对池底的设计一般容易忽略。池底所选用的材料、颜色根据水深浅的不同会直接影响到观赏的效果，所产生的景观也会随之变化。

5. 注意管线和设施的隐蔽性设计，如果显露在外，应与整体景观搭配。寒冷地区还要考虑结冰造成的问题。

6. 安全性也是不容忽视的。要注意水电管线不能外露，以免发生意外。再有就是根据功能和景观的需求控制好水的深度。

第五节　生态现代景观艺术设计观

现代景观的设计观是景观设计中的一种指导思想或设计思路，通过设计观的运用，将主观上想要达到的一种效果客观地体现在设计场地中，以便形成各种合理的、舒适的、个性的、对立统一的、有文化底蕴的、给人以美感的空间环境。现代景观的设计必须遵循下列设计观：

一、人性设计观

现代景观设计的最终目的是要为人创造良好的生活和居住环境，所以景观设计的焦点应是人，这个"人"具有特殊的属性，不是物理、生理学意义的人，而是社会的人，有着物理层次的需求和心理层次的需求，这也是马斯洛理论提出的。因此，人性设计观是景观设计最基本的原则，它会最大限度地适应人的行为方式，满足人的情感需求，使人感到舒适。

这是人的基本需要，包括生理和安全需要。设计时要根据使用者的年龄、文化层次和喜好等自然特征，如根据老年人喜静、儿童好动来划分功能区，以满足使用者不同的需求。人性设计观体现在设计细节上更为突出，如踏步、栏杆、坡道、座椅、人行道等的尺度问题，材质的选择等是否满足人的物理层次的需求。近年来，无障碍设计得到广泛使用，如广场、公园等公共场所的入口处都设置了方便残疾人的轮椅车上下行走及盲人行走的坡道。但目前我国景观设计在这方面仍不够成熟，如一些公共场所的主入口没有设坡道，这样对残疾人来说，极其不方便，要绕道而行，更有甚者就没有设置坡道，这也就更无从谈起人性化设计观了。另外，在北方景观设计中，供人使用的户外设施材质的选择要做到冬暖夏凉，这样才不会失去设置的意义。

二、生态设计观

随着高科技的发展，全球生态环境日益被破坏，人类要想生存，必然要重视它所带来的后果，怎样使对环境的破坏影响降到最小，成为景观设计师当前最为重要的工作。生态设计观是直接关系到环境景观质量非常重要的一个方面，是创造更好的环境、更高质量和更安全的景观的有效途径。但现阶段在景观设计领域内，生态设计的理论和方法还不够成熟，一提到生态，就认为是绿化率达到多少，实际上不仅仅是绿化，尊重地域自然地理特征和节约与保护资源都是生态设计观的体现。另外也不是绿化率高了，生态效益就高了那么简单。现在有些城市为了达到绿化率指标，见效快，大面积铺设草坪，这不仅耗资巨大，养护成本费用高，而且生态效益要远比种树小得多。所以要提高景观环境质量，在做景观设计时就要把生态学原理作为其生态设计观的理论基础，尊重物种的多样性，减少对资源的掠夺，保持营养和水循环，维持植物生境和动物栖息地的质量，把这些融会到景观设计的每一个环节中，才能达到生态最大化。

三、创新设计观

创新设计观是在满足人性设计观和生态设计观的基础上，对设计者提出的更高要求。它需要设计者的思维开阔，不拘泥于现有的景观形式，敢于提出并融入自己的思想，充分体现地域文化特色，提高审美需求，进而避免"千城一面""曾经在哪儿见过"的景观现象。在我们的景观设计中要想做到这点，就必须在设计中有创新性。如道路景观设计，各个城市都是千篇一律的模式，没有地方性。越是这种简单的设计，创新越难，所以也就对设计者提出了更严峻的考验。这就要求设计者具有独特性、灵活性、敏感性、发散性的创新思维，从新方式、新方向、新角度来处理某种事物，所以创新思维常会给人们带来崭新的思考，崭新的观点和意想不到的结果，从而使景观设计呈现多元化的创新局面。

四、艺术设计观

艺术设计观是景观设计中更高层次的追求，它的加入，使景观相对丰富多彩，也体现出了对称与均衡、对比与统一、比例与尺度、节奏与韵律等艺术特征。如抽象的园林小品、雕塑耐人寻味；有特色的铺装令人驻足观望；新材料的使用会引起人们观赏的兴趣。所以通过艺术设计，可以使功能性设施艺术化。例如景观设计中的休息设施,从功能的角度来讲,其作用就在于为人提供休息方便,而从艺术设计的角度来看,它已不仅仅具有使用功能,通过它的造型、材料等特性赋予艺术形式,从而为景观空间增加文化艺术内涵。再如不同类型的景观雕塑,抽象的、具象的、人物的、动物的等都为景观空间增添了艺术元素。这些都是艺术设计观的很好应用,对于我们现代景观设计师来说,应积极主动地将艺术观念和艺术语言运用到我们的景观设计中,在景观设计艺术中发挥它应有的作用。

第六节 生态景观设计

一、景观设计在西方的发展背景

西方传统景观设计主要源自文艺复兴时期的设计原则和模式,其特点是将人置于所有景观元素的中心和统治地位。景观设计与建筑设计、城市规划一样,遵循对称、重复、韵律、节奏等形式美的原则,植物的造型、建筑的布局、道路的形态等都严格设计成符合数学规律的几何造型,往往给人以宏伟、严谨、秩序等视觉和心理感受。

从18世纪中叶开始,西方园林景观营建的形式和范畴发生了很大变化。首先是英国在30年代出现了非几何式的自然景观园林,这种形式随后逐渐传播到欧洲其他国家以及美洲、南非、大洋洲等地。到20世纪70年代以后,欧洲从美洲、南非、印度、中国、日本、大洋洲等地引进植物,通过育种为造园提供了丰富多彩的植物品种。这不仅有助于园林景观提炼并艺术地再现美好的自然景观;同时也使园林景观设计工作由建筑师主持转变为由园艺师主导。

19世纪中叶,英国建起了第一座有公园、绿地、体育场和儿童游戏场的新城镇。1872年,美国建立了占地面积7700多平方公里的黄石国家公园。此后,在许多国家都出现了保护大面积自然景观的国家公园,标志着人类对待自然景观的态度进入了一个新的阶段。20世纪初,人们对城市公害的认识日益加深。在欧美的城市规划中,园林景观的概念扩展到整个城市及其外围绿地系统,园林景观设计的内容也从造园扩展到城市系统的绿化建设。20世纪中叶以来,人类与自然环境的矛盾日益加深,人们开始认识到人类与自然和谐共处的必要性和迫切性,于是生态景观设计与规划的理论与实践逐渐发展起来。

二、景观设计在中国的发展背景

中国的传统景观设计称为造园,具有悠久的历史。最早的园林是皇家园囿,一般规模宏大，占地动辄数百顷，景观多取自自然，并专供帝王游乐狩猎之用，历代皆有建造，延续数千年，直至清朝末期。唐宋时期，受文人诗画之风的影响，一些私家庭院和园林逐渐成为士大夫寄情山水之所。文人的审美取向，使美妙、幽、雅、洁、秀、静、逸、超等抽象概念成为此类园林的主要造园思想。

无论是皇家园囿，还是私家园林，中国传统造园一贯崇尚"天人合一""因地制宜"和"道法自然"等理念，将自然置于景观设计的中心和主导地位，设计中提倡利用山石、水泉、花木、屋宇和小品等要素，因地制宜地创造出既反映自然环境之优美，又体现人文情趣之神妙的园林景观。在具体操作中，往往取高者为山、低者为池，依山筑亭，临水建榭，取自然之趋势，再配置廊房，植花木，点山石，组织园径。在景观设计中，讲究采用借景、对景、夹景、框景、漏景、障景、抑景、装景、添景、补景等多样的景观处理手法，创造出既自然生动又宜人的景观环境。

三、生态景观设计的概念

随着可持续发展概念得到广泛认同，东方传统景观充分理解和尊重自然的设计理念得到景观设计界更多的认可、借鉴和应用。与此同时，西方当代环境生态领域研究的不断深入和新技术、新方法的不断出现，进一步使"生态景观设计"成为当代景观设计新的重要方向，并在实践中得到越来越多的应用。

传统景观设计的主要内容都是环境要素的视觉质量，而"生态景观设计"是兼顾环境视觉质量和生态效果的综合设计。其操作要素与传统景观设计类似，但设计中既要考虑当地水体、气候、地形、地貌、植物、野生动物等较大范围的环境现状和条件，也要兼顾场地日照、通风、地形、地貌、降雨和排水模式、现有植物和场地特征等具体条件和需求。

四、生态景观设计的基本原则

生态景观设计在一般景观设计原则和处理手法的基础上，应该特别注意以下两项基本原则：

（一）适应场地生态特征

生态景观设计区别于普通设计的关键在于，其设计必须基于场地自然环境和生态系统的基本特征，包括土壤条件、气象条件（风向、风力、温度、湿度等）、现有动植物物种和分布现状等。例如，如果场地为坡地，其南坡一般较热且干旱，需要种植耐旱植物；而北坡一般比较凉爽，相对湿度也大一些，因此，可选择的景观植物种类要多一些。另外，开敞而多风的场地比相对封闭的场地需要更加耐旱的植物。

（二）提升场地生态效应

生态景观设计强调通过保护和逐步改善既有环境，创造出人与自然协调共生的并且满足生态可持续发展要求的景观环境，包括维护和促进场地中的生物多样性、改善场地现有气候条件等。例如，生态环境的健康发展，要求环境中的生物必须多样化。在生态绿化设计中可采用多层次立体绿化，以及选用诱鸟诱蝶类植物丰富环境的生物种类。

五、生态景观设计的常用方法

（一）对土壤进行监测和养护

生态景观设计之前要测试土壤的营养成分和有机物构成，并对那些被破坏或污染的土壤进行必要的修复。城市中的土壤往往过于密实，有机物含有量很少。为了植物的健康生长，需要对其根部土壤进行覆盖养护以减少水分蒸发和雨水流失，同时应长期对根部土壤施加复合肥料（每年至少1次）。据研究，对植物根部土壤进行覆盖，与不采取此项措施的景观种植区相比，可以减少灌溉用水量75%~90%。

（二）采用本地植物

生态景观中的植物应当尽量采用本地物种，尤其是耐旱并且抗病虫害能力较强的植物。这样做既可以减少对灌溉用水的需求，减少对杀虫剂和除草剂的使用，减少人工维护的工作量和费用，还可以使植物自然地与本地生态系统融合共生，避免由于引进外来物种带来对本地生态系统的不利影响。

（三）采用复合植物配置

城市中的生态景观设计一般采用乔木—草坪；乔木—灌木—草坪；灌木—草坪；灌木—绿地—草坪；乔木—灌木—绿地—草坪等几种形式。据北京园林研究所的研究，生态效益最佳的形式是乔木—灌木—绿地—草坪，而且得出其最适合的种植比例约为1（以株计算）：6（以株计算）：21（以面积计算）：29（以面积计算）。

（四）收集和利用雨水

生态景观中的硬质地面应尽可能采用可渗透的铺装材料，即透水地面，以便将雨水通过自然渗透送回地下。目前我国城市大多采用完全不透水的（混凝土或面砖等）硬质地面作为道路和广场铺面，雨水必须全部由城市管网排走。这一方面造成了城市排水系统等基础设施的负担，在暴雨季节还可能造成城市内涝；另一方面，由于雨水不能按照自然过程回渗到地下，补充地下水，往往会造成或加剧城市地下水资源短缺的现象；此外，大面积硬质铺地在很大程度上反射太阳辐射热，从而加剧了"城市热岛"现象。因此，在城市生态景观设计中，一般提倡采用透水地面，使雨水自然地渗入地下，或主动收集起来加以合理利用。

当然，收集和利用雨水的方法可以是多种多样的。例如，在采用不透水硬质铺面的人行道和停车场中，可以通过地面坡度的设计将雨水自然导向植物种植区。

悉尼某居住区停车场和道路的设计，雨水自然流向种植区，景观植物采用当地耐旱物种。当采用透水地面或在硬质铺装的间隙种植景观植物时，要注意为这些植物提供足够的连续土壤面积，以保证其根部的正常生长。建筑屋顶可以用于收集雨水，雨水顺管而下，既可用于浇灌植物，也可用于补充景观用水，还可引入湿地或卵石滩，使之自然渗入地下（在这个过程中，水受到植物根茎和微生物的净化）补充地下水。雨水较多时，则需要将其收集到较大的水池或水沟，其容积视当地年降雨量而定。水沟或水池的堤岸，可以采用接近自然的设计，为本地植物提供自然的生长环境。当雨水流过这个区域时，既灌溉了植被，又涵养了水源，还自然地形成了各类不同的植物群落景观。这是自然形成的景观，也是围护及管理费用最低的景观。德国某市政厅景观设计，雨水引入水道，两侧种植本地植物，形成自然景观。

（五）采用节水技术

生态景观的设计和维护注重采用节水措施和技术。草比灌木和乔木对水的需求相对较大，而所产生的生态效应却相对较小，因此，在生态景观设计中，提倡尽量减少对大面积草坪的使用。在景观维护中，提倡通过高效率滴灌系统将经过计算的水量直接送入植物根部。这样做可以减少50%~70%的用水量。草地上最好采用小容量、小角度的洒水喷头。对草、灌木和乔木应该分别供水，对每种植物的供水间隔宜适当加长，以促进植物根部扎向土壤深部。要避免在干旱期施肥或剪枝，因为这样会促进植物生长，增加对水的需求。另外，可以采用经过净化处理的中水，作为景观植物的灌溉用水。

根据美国圣莫尼卡市（City of Santa Monica）的经验，采用耐旱植物、减少草坪面积和采用滴灌技术三项措施，使该地区景观灌溉用水减少50%~70%，并使该地区用水总量减少20%~25%。通过控制地面雨水的流向以及减少非渗透地面的百分比，既灌溉了植物，又通过植物净化了雨水，还使雨水自然回渗到土壤中，满足了补充地下水的需要。

（六）利用废弃材料

利用废弃材料建成景观小品，既可以节省运走、处理废料的费用，也省去了购买原材料的费用，一举数得。

六、生态景观设计的作用

生态景观设计注重保护和提升场地生态环境质量，生态景观的实施，能够产生广泛的环境效益，包括改进建筑周围微气候环境、减少建筑制冷能耗、提高建筑室内外舒适度、提高外部空间感染力、为野生动物提供栖息地,以及在可能的情况下兼顾食果蔬菜生产等。

(一)提高空气质量

植物可以吸收空气中的二氧化碳等废气和有害气体,同时放出氧气并过滤空气中的灰尘和其他悬浮颗粒,从而改善当地的空气质量。景观公园和林荫大道等为城市和社区提供一个个"绿肺"。

(二)改善建筑热环境

将阔叶落叶乔木种植在建筑南面、东南面和西南面,可以在夏季吸收和减少建筑的太阳辐射得热,降低空气温度和建筑物表面温度,从而减少夏季制冷能耗;同时在冬季树木落叶后,又不影响建筑获得太阳辐射热。为了提高夏季遮阳和降温效果,还可以将高低不同的乔木和灌木分成几层种植,同时在需要遮阳的门窗上方设置植物藤架和隔栅,使之与墙面之间留有30~90cm的水平距离,从而通过空气流动进一步带走建筑的热量。

建筑的建造过程会破坏场地原有自然植物系统,建造的硬质屋顶或地面不能吸收雨水还反射太阳辐射热,并加剧城市的热岛效应。如果改为种植屋顶和进行地面绿化,则不仅可以增加绿化面积,提高空气质量和景观效果,还能为其下部提供良好的隔热保温和紫外线防护。屋顶种植应选择适合屋顶环境的草本植物,借助风、鸟、虫等自然途径传播种子。

(三)调控自然风

植物可以影响气流的速度和方向,起到调控自然风的作用。通过生态景观设计既可以引导自然风进入建筑内部,促进建筑通风,也可以防止寒风和强风对建筑内外环境的不利影响。

导风:根据当地主导风的朝向和类型,可以巧妙利用大树、篱笆、灌木、藤架等将自然风导向建筑的一侧(进风口)形成高压区,并在建筑的另一侧(排风口)形成低压区,从而促进建筑自然通风。为了捕捉和引导自然风进入建筑内部,还可以在建筑紧邻进风口下风向一侧种植茂密的植物或在进风口上部设置植物藤架,从而在其周围形成正压区,以有利于建筑进风。当建筑排风口在主导风方向的侧面时,可以在紧邻出风口上风向一侧种植灌木等枝叶茂密的植物,从而在排风口附近形成低压区,促进建筑自然通风。在建筑底部接近入口和庭院等位置密集种植乔木、灌木或藤类植物有助于驱散或引开较强的下旋气流。在建筑的边角部位密植多层植物有助于驱散建筑物周围较大范围的强风。多层植物还可以排列成漏斗状,将风引导到所需要的方向。

防风:与主导风向垂直布置的防风林,可以减缓、引导和调控场地上的自然风。防风林的作用取决于其规模、密度以及其整体走向相对主导风方向的角度。为了形成一定的挡风面，防风林的长度一般应该是成熟树木高度的 10 倍以上。如果要给建筑挡风，树木和建筑之间的距离应该小于树木的高度。如果要为室外开放空间挡风，防风林则应该垂直于主导风的方向种植，树后所能遮挡的场地进深，一般为防风林高度的 3~5 倍（例如，10m 高的防风林可以有效降低其后部 30~50m 范围内的风速）。另外，还应该允许 15%~30% 的气流通过防风林，从而减少或避免在防风林后部产生下旋涡流。

应当注意的是，通过植物引风只是促进自然通风的一种辅助手段，它必须与场地规划和建筑朝向布置等设计策略结合起来，才能更好地达到建筑自然通风的效果。另外，城市环境中的气流状态往往复杂而紊乱，一般需要借助风洞试验或计算机模拟来确定通风设计的有效性。最后，无论是导风还是防风，都应当在建筑或场地的初步设计阶段就做出综合考虑。

（四）促进城市居民身心健康

生态景观可以兼顾果蔬生产，为城市提供新鲜的有机食物。物种丰富的城市生态景观，尤其是水塘、溪流、喷泉等近水环境，既可以帮助在城市中上班的人群放松身心，提高其精神生活质量，又可以成为退休老人休闲、健身的场所，还可以成为儿童游戏和体验的乐园，因此有利于从整体上促进城市居民的身心健康。

（五）为野生动物提供食物和遮蔽所

生态景观设计比传统景观设计的效果更加接近自然，通过生态景观设计可以在一定程度上创造在城市发展中曾经失去的自然环境。将城市生态景观和郊区的开放空间连成网络，可以为野生动物提供生态走廊。

为了使城市景观环境更适合野生动物的生存，要选择那些能产生种子、坚果和水果的本地植物，以便为野生动物提供一年四季的食物，还要了解在当地栖息的鸟的种类和习性，并为其设计适宜的生存环境。在景观维护过程中，要对土壤定期覆盖和施肥，使土壤中维持足够的昆虫和有机物；同时要保持土壤湿度，刺激土壤中微生物的生长，保持土壤中蛋白质的循环。生态景区还应该为鸟类设计饮水池，水不必太深，可以置于开放空间，岸边地面可以采用粗糙质地的缓坡，以利于鸟类接近或逃离水池。景观植物的搭配应该有高大树冠的乔木、中等高度的灌木以及地表植物，供鸟类筑巢繁殖、嬉戏躲避和采集食物等。生态景区应尽量不使用杀虫剂、除草剂和化肥，而是允许植物的落叶以及成熟落地的种子和果实等自然腐烂，从而为土壤中的昆虫等提供足够的营养，也为其他野生动物提供更加自然的栖息环境。

第七节 生态景观规划

一、生态景观规划的概念

　　生态景观规划是在一个相对宏观的尺度上，为居住在自然系统中的人们所提供的物质空间规划，其总体目标是通过对土地和自然资源的保护及利用规划，实现景观及其所依附的生态系统的可持续发展。生态景观规划必须基于生态学理论和知识进行。可以说，生态学与景观规划有许多共同关心的问题，如对自然资源的保护和可持续利用，但生态学更关心分析问题，而景观规划则更关心解决问题，将二者相结合的生态景观规划是景观规划走向可持续的必由之路。

二、生态景观规划的基本语言

　　斑块（patch）、廊道（corridor）和基质（matrix）是景观生态学用来解释景观结构的一种通俗、简明和可操作的基本模式语言，适用于荒漠、森林、农业、草原、郊区和建成区等各类景观。斑块是指与周围环境在性质上或外观上不同的相对均质的非线性区域。在城市研究中，在不同的尺度下，可以将整个城市建成区或者一片居住区看成一个斑块。景观生态学认为，圆形斑块在自然资源保护方面具有最高的效率，而卷曲斑块在强化斑块与基质之间的联系上具有最高的效率。廊道是指线型的景观要素，指不同于两侧相邻土地的一种特殊的带状区域。在城市研究中，可以将廊道分为：蓝道（河流廊道）、绿道（绿化廊道）和灰道（道路和建筑廊道）。基质是指景观要素中的背景生态系统或土地利用类型，具有占地面积大、连接度高，以及对景观动态具有重要控制作用等特征，是景观中最广泛连通的部分。如果我们将城市建成区看成一个斑块的话，其周围和内部广泛存在的自然元素就是其基质。

　　景观生态学运用以上语言，探讨地球表面的景观是怎样由斑块、廊道和基质所构成的，定量、定性地描述这些基本景观元素的形状、大小、数目和空间关系，以及这些空间属性对景观中的运动和生态流有什么影响。如方形斑块和圆形斑块分别对物种多样性和物种构成有什么不同影响，大斑块和小斑块各有什么生态学利弊。弯曲的、直线的、连续的或是间断的廊道对物种运动和物质流动有什么不同影响。不同的基质纹理（细密或粗散）对动物的运动和空间扩散的干扰有什么影响等。并围绕以上问题，提出：①关于斑块的原理（探讨斑块尺度、数目、形状、位置等与景观生态过程的关系）；②关于廊道的原理（探讨廊道的连续性、数目、构成、宽度及与景观生态过程的关系）；

③关于基质的原理（探讨景观基质的异质性、质地的粗细与景观阻力和景观生态过程的关系等）；④关于景观总体格局的原理等。这些原理为当代生态景观规划提供了重要依据。

三、城市景观的构成要素

城市景观以其特有的景观构成和功能区别于其他景观类型（如农业景观、自然景观）。在构成上，城市景观大致包括三类要素，即人工景观要素，如道路、建筑物；半自然景观要素，如公共绿地、农田、果园；受到人为影响的自然景观要素，如河流、水库、自然保护区。在功能上，城市景观包括物化和非物化两方面要素：物化要素即山、水、树木、建筑等环境因素；非物化要素即环境要素所体现出的精神和人文属性。作为一种开放的、动态的、脆弱的复合生态系统，城市景观的主要功能是为人类提供生活、生产的场所，而其生态价值主要体现在生物多样性与生态服务功能等方面，其中的林地、草地、水体等生态单元对于保护生物多样性、调节城市生态环境、维持城市景观系统健康运作尤为重要。作为人类改造最彻底的景观，城市景观由于具有高度的空间异质性，景观要素间的流动复杂，景观变化迅速，更需要进行生态规划、设计和管理，以达到结构合理、稳定，能流顺畅，环境优美的目的。

四、城市景观规划的主要内容

城市具有自然和人文的双重性，因此对城市生态景观规划也应当包括自然生态规划和人文生态规划两方面内容，并使自然景观与人文景观成为相互依存、和谐统一的整体。

（一）城市自然景观规划

城市自然景观规划的对象是城市内的自然生态系统，该系统的功能包括提供新鲜空气、食物、体育、休闲娱乐、安全庇护及审美和教育等。除了一般人们所熟悉的城市绿地系统之外，还包含了一切能提供上述功能的城市绿地系统、森林生态系统、水域生态系统、农田系统及其他自然保护地系统等。城市的规模和建设用地的功能总是处在不断变化之中，城市中的河流水系、绿地走廊、林地、湿地等需要为这些功能提供服务。面对急剧扩张的城市，需要在区域尺度上首先规划设计和完善城市的生态基础设施，形成能高效维护城市生态服务质量、维护土地生态过程的安全的景观格局。

根据景观生态学的方法，城市需要合理规划其景观空间结构，使廊道、斑块及基质等景观要素的数量及其空间分布合理，使信息流、物质流与能量流畅通，使城市景观不仅符合生态学原理，而且具有一定的美学价值，适于人类聚居。在近些年的发展中，景观规划吸收生态学思想，强调设计遵从自然，引进生态学的方法，研究多个生态系统之间的空间格局,并用"斑块—廊道—基质"来分析和改变景观,指导城市景观的生态规划。

(二)城市人文景观规划

所谓人文生态是一个区域的人口与各种物质要素之间的组配关系,以及人们为满足社会生活各种需要而形成的各种关系。多元的人文生态与其地域特有的自然生态紧密相关,是使一个城市多姿多彩的重要缘由之一。一个优美而富有吸引力的城市景区,通常都是自然景观与人文景观巧妙结合的作品。一座城市的人文景观应该反映该城市的价值取向和文化习俗。城市人文生态建设,应当融入城市自然生态设施的规划和建设中,使文化和自然景观互相呼应、互相影响,城市才能产生鲜明的特色和生命力。在人文生态的规划中,要努力挖掘和提炼地域文化精髓,继承传统文化遗产,同时反映城市新文化特征,注意突出城市文化特色并寻求城市文化的不断延续和发展。

五、当前城市景观中的生态问题

当前城市景观中的生态问题,主要源于城市规划建设中不合理的土地利用方式及对自然资源的超强度开发,具体表现在以下几个方面:

(一)景观生态质量下降

在城市中,承担着自然生境功能的景观要素类型主要有林地、草地、水体和农田等。随着城市人口激增和生产生活用地规模迅速扩大,城市中自然景观要素的面积在不断减少,生物多样性严重受损,导致景观生态稳定性降低,对各种环境影响的抵抗力和恢复力下降。同时,随着环境污染问题日益加剧,城市自然环境的美学价值及舒适性降低,人们纷纷离开城市走向郊区。而郊区化的蔓延,使原本脆弱的城市郊区环境承受了巨大的压力。随着经济的增长,在市场推动下,各大城市,尤其是其经济开发区,都保持着巨大的建设量,大规模的土地平整使地表植被破坏,土地裸露,加上许多土地长期闲置,导致城市区域水土流失日益加剧,不仅造成开发土地支离破碎,而且危害市区市政基础设施及防洪安全,对城市景观和环境质量构成威胁。研究表明,城市周边裸露平整土地产生的土壤侵蚀程度远远超过自然山地或农业用地。

(二)景观生态结构单一

城市区域内土地紧张,建筑密度大,造成城市景观破碎度增加,通达性降低。城市自然景观元素主要以公共绿地的形式存在,集中在少数几个公园或广场绿地,街道及街区分布稀少,难以形成网格结构,空间分配极不均衡。同时,绿地内植被种类及形态类型单一,覆盖面小,缺乏空间层次,难以实现应有的生态调节功能。

（三）景观生态功能受阻

城市区域中，人类的活动使自然元素极度萎缩，景观自然生态过程（如物种扩散、迁移、能量流动等）严重受阻，生态功能衰退，其涵养、净化环境的能力随之降低。例如，建设开发使河道、水系干涸、污染；修建高速公路使自然栖息地一分为二等，这些活动都造成自然生态过程中断、景观稳定性降低。另外，城市建筑密度过高，也使景观视觉通达性受阻，同时空气水源、噪声等各种污染使城市景观的可持续性和舒适性降低。

六、城市生态景观规划的基本原则

城市自然景观的生态规划一般应遵循以下基本原则：

生态可持续性原则：使城市生态系统结构合理稳定，能流、物流畅通，关系和谐，功能高效。在规划中要注重远近期相结合，在城市不断扩张的过程中，为生态景观系统留出足够的发展空间。

绿色景观连续性原则：通过设置绿色廊道，规划带形公园等手段加强绿地斑块之间的联系，加强绿地间物种的交流，形成连续性的城市景观，使城市绿地形成系统。

生物多样性原则：多样性导致稳定性。生物多样性主要是针对城市自然生态系统中自然组分缺乏、生物多样性低下的情况提出来的。城市中的绿地多为人工设计而成，通过合理规划设计植物品种，可以在城市绿地中促进遗传多样性，从而达到丰富植物景观和增加生物多样性的目的；遵循多样化的规划原则，对于增进城市生态平衡、维持城市景观的异质性和丰富性具有重要意义。

格局优化原则：城市景观的空间格局是分析城市景观结构的一项重要内容，是生态系统或系统属性空间变异程度的具体表现，它包括空间异质性、空间相关性和空间规律性等内容。它制约着各种生态过程，与干扰能力、恢复能力、系统稳定性和生物多样性有着密切的关系。良好的景观生态格局强调突出城市整体景观功能，通过绿色的生态网络，将蓝色的水系串联起来，保障各种景观生态流输入输出的连续通畅，维持景观生态的平衡和环境良性循环。在我国，城市绿地一般极为有限，特别是老城区，人口密度大，建筑密集，绿化用地更少。因此，在景观规划中，如何利用有限空间，通过绿地景观格局的优化设计，充分发挥景观的生态功能和游憩功能，以及通过点、线、带、块相结合，大、中、小相结合，达到以少代多、功能高效的目的显得尤为重要。

七、城市景观规划的技术和方法

景观规划的过程应该是一个决策导向的过程，首先要明确什么是要解决的问题，规划的目标是什么，然后以此为导向，采集数据，寻求答案。在制订景观规划时通常需要考虑六方面的问题：①景观的现状（景观的内容、边界、空间、时间及景观的审美特性、生物多样性和健康性等，需要用什么方法和语言进行描述）；②景观的功能（各景观要素之间的关系和结构如何）；③景观的运转（景观的成本、营养流、使用者满意度等如何）；④景观的变化（景观因什么行为，在什么时间、什么地点而改变）；⑤景观变化会带来什么样的差异或不同；⑥景观是否应该被改变（如何做出改变景观或保护景观的决策，如何评估由不同改变带来的不同影响，如何比较替代方案等）。

（一）地图叠加技术

在早期的城市及区域规划中，规划师们常常采用一种地图叠加技术，即采用一系列地图来显示道路、人口、建筑、地形、地界、土壤、森林，以及现有的和未来的保护地，并通过叠加的技术将气候、森林、动物、水系、矿产、铁路、公路系统等信息综合起来，反映城市的发展历史、土地利用、区域交通关系网以及经济、人口分布等。在景观规划中，也可以采用这种方法，针对每个特定资源制图，然后进行分层叠加，经过滤或筛选，最终可以确定某一地段土地的适宜性，或某种人类活动的危险性，从而判别景观的生态关系和价值。这一技术的核心特征是所有地图都基于同样的比例，并都含有某些同样的地形或地物信息作为参照系；同时，为了使用方便，所有地图都应在透明纸上制作。

20世纪50年代，麦克哈格首先提出了将地图分层叠加方法用于景观规划设计中。在近半个世纪的历程中，地图分层叠加技术从产生到发展和完善，一直是生态规划思想和方法发展完善过程的一个有机组成部分。首先是规划师基于系统思想提出对土地上多种复杂因素进行分析和综合的需要，然后是测量和数据收集方法的规范化，最后是计算机的发明和普及，都推动了地图分层叠加技术的发展。

中关村科技园海淀园发展区生态规划，就是一个应用麦克哈格"千层饼"方法分析的实例。其中选取了8项生态因子图进行叠算，其中深色部位适宜生态保护和建设，浅色部位适宜城市建设。该规划还根据土地生态适宜性分析模型，运用景观学"斑块—廊道—基质"原理，建立了园区的自然生态安全网络，并编制了土地生态分级控制图。在其规划指标体系中，将园区分为5个生态等级区：一级区为核心生态保护区，二级区为生态保护缓冲区，三级区为生态建设过渡区，四级区为低度开发区，五级区为中度开发区。它为确定城市发展方向提供了科学依据。

（二）3"S"技术

随着空间分析技术的发展及其与景观规划的结合，遥感（RS）、全球定位系统（GPS）和地理信息系统（GIS）在景观规划中得到应用。它们极大地改变了景观数据的获取、存储和利用方式，并使规划过程的效率大大提高，在景观和生态规划史上可以被认为是一场革命。其中，遥感（RS）具有宏观、综合、动态和快速的特点，特别是现代高分辨率的影像是景观分类空间信息的主要数据源,遥感影像分析是景观生态分类和景观规划的主要技术手段;全球定位系统(GPS)的准确定位是野外调查过程中进行空间信息定位的重要工具;地理信息系统(GIS)空间数据和属性数据集成处理及强大的空间分析功能,使得现代景观规划在资源管理、土地利用、城乡建设等领域发挥着越来越大的作用。如果将生态景观规划的过程分解为分析和诊断问题、预测未来、解决问题三个方面的话,那么,与传统技术相比,GIS尤其在分析和诊断问题方面具有很大的优势。这种优势主要反映在其可视化功能、数据管理和空间分析三个方面。

八、城市景观规划的生态调控途径

(一)构建景观格局

城市是自然、经济和社会的复合体,不同的城市生态要素及其发展过程形成不同的景观格局,景观格局又作用于生态过程,影响物种、物质、能量及信息在景观中的流动。合理的城市景观格局是构建高效城市生态环境的基础。在城市景观规划中,不仅要注意保持其生态过程的连续性,而且应使其中的各种要素互相融合、互为衬托、共同作用,从而形成既具有地方特色又具有多重生态调控功能的城市景观体系。

(二)建设景观斑块

城市景观规划应有利于改善城市生态环境。在规划中,除了要加强公园、绿地等人工植被斑块的建设,还应尽可能地引进和保护水体、林地、湿地等具有复杂生物群落结构的自然和半自然斑块,并使其按照均衡而有重点的格局分布于城市之中。同时合理配置斑块内的植物种类,形成稳定群落,增加斑块间的异质性,可为形成长期景观和发挥持续生态效益打下基础。

(三)建立景观廊道

城市中的景观廊道包括道路、河流、沟渠和林带等。研究表明,景观廊道对生物群体的交换、迁徙和生存起着重要作用。通畅的廊道、良好的景观生态格局有利于保障各种景观生态流输入输出的连续通畅,维持景观生态平衡和良性循环。同时,城市景观廊道还是城市景观中物质、能量、信息和生物多样性汇集的场所,对维护城市生态功能的稳定性具有特殊作用。

城市中零散分布的公园、街头绿地、居民区绿地、道路绿化带、植物园、苗圃等城市基质上的绿色斑块,应与城外绿地系统之间通过"廊道"(绿化带)连接起来,形成城市生态景观的有机网络,使城市景观系统成为一种开放空间。这样不仅可以为生物提供更多的栖息地和更广阔的生活场所,而且有利于城外自然环境中的野生动物、植物通过"廊道"向城区迁移。此外,在城市中,可以将公园绿地、道路绿地、组团间的绿化隔离带等串联衔接,并与河流及其防护林带构成相互融会贯通的"蓝道"和"绿道",在总体上形成点、线、面、块有机结合的山水绿地相交融的贯通性生态空间网络。

(四)改善基质结构

城市景观要素中"基质"所占面积最大、连接性最强,对城市景观的控制作用也最强。它影响着斑块之间的物质、能量交换,能够强化或减弱斑块之间的联系。在城市景观环境中,存在大量硬质地面,包括广场、停车场等,它们是城市景观基质的重要组成部分。为了改善这些基质的结构和生态效应,对城市公共空间中的硬质地面应优先考虑采用具有蓄水或渗水能力的环保铺地材料,如各种渗水型铺砖等。在城市的高密度地区,可采用渗透水管、渗透侧沟等设施帮助降水渗入地下。在具体规划设计中应根据各个城市不同的气象及水文条件,确立合理的渗透水及径流水比例,并以此为依据指导城市各种地面铺装的比例,从而在总体上逐步实现对城市降水流向的合理分配。随着更多新型生态化城市硬质铺面材料的问世,城市景观基质结构与自然生态系统的连通性将会不断得到改善。

(五)控制土地扩张

随着城市化水平的提高,城市区域及周边水土流失日益严重,耕地减少速度不断加快,这是世界各国在城市化过程中普遍面临的问题。20世纪90年代,美国针对城市扩张导致的农业用地面积减少及城市发展边界问题,制定了相关法律和土地供给计划,并且基于GIS技术建立了完整的空地及建设用地存量库,用以统筹控制城市区域土地的扩张。我国当前正处在城市化高速发展的时期,在城市开发建设过程中,更需要把握城市总体景观结构,控制城市土地扩张,结合城市中自然绿地、农田水域等环境资源的分布,在开发项目的选址、规划、设计中遵循生态理念,保持城市景观结构的多样性,防止大面积建筑群完全代替市郊原有的自然景观结构。此外,可以通过保持城市之间农田景观的方式,在满足城市建设土地的同时,为城市化地区生态环境的稳定性提供必要的支持和保证。

本章从景观的含义出发,首先介绍了生态景观设计的一般概念、主要内容、基本原则、常用方法和主要作用;其次介绍了生态景观规划的概念、基本语言和构成要素;最后着重介绍了城市景观规划的相关内容。其中,分析了当前城市景观中的主要生态问题;提出了城市生态景观规划的基本原则,以及城市景观规划的基本技术和方法;介绍了城市规划的生态调控途径。应该说,城市景观生态问题的妥善解决,有赖于对景观生态系统更加深入而系统的科学研究,有赖于更先进和可靠的地理信息系统和分析技术及其与景观生态规划的结合(目前,在景观生态学定量分析基础上的景观规划还远没有成熟,从这个意义上来说,景观生态规划还刚刚开始),更有赖于一种新的生态景观规划与建设理念及思路的形成，即重视景观的整体生态效应，同时将人类视为影响景观的重要因素，从整体上协调人与环境、社会经济与资源环境的关系，最终实现城市生态景观的保护与可持续发展。

第四章 中国园林景观艺术设计类型及设计思想

第一节 中国园林景观艺术设计的类型

中国是世界园林起源最早的国家之一,与古希腊、西亚并称为世界造园史中的三大园林流派。中国古典园林大致可分为皇家园林、文人私家园林、寺观园林。中国园林从殷周的雏形到今天,已有2700多年的历史。汉代在此基础上发展了以宫室建筑为主的建筑宫苑。两晋、南北朝时期发展成山水园林,这是一个不可忽视的历史阶段,它奠定了我国古代私家园林的基本风格和"诗情画意"的写意境界,并深刻地影响了皇家园林的发展。唐宋两代,将诗情画意融入园林,特别注重意境的表现。唐宋园林对后世的影响最大。到明清两代,园林建设继承了传统园林的艺术成就,达到了园林艺术的最成熟阶段,留下许多经典作品,并创造出具有民族特色的园林理论专著《园冶》。

一、皇家园林

从中国统一开始,以后各朝代皇家所建立的私有园林,都应称之为皇家园林。现在我们能欣赏的皇家园林,多为清代的皇家园林或遗迹,集中分布于北京、河北一带,是皇帝居住和朝见的宫室或供游乐的宫苑,如圆明园、颐和园等。

清代皇家园林造景模仿全国各地的名园胜迹置于园中,特别是江南的风光与胜迹。设计中根据各园的区位地形及特点,将全园分为若干主要景区,每个区内都有不同趣味的风景点,如避暑山庄有36景、圆明园有40景等,每个景点都有点睛的题名。这种艺术手法主要取自"西湖十景"等风景名胜区的一些传统及典故。乾隆皇帝的六下江南对皇家园林设计影响很大,江南一带的优美风景,为清代造园提供了创作范本。

(一)传统文化的影响

我国儒道释传统文化都对园林景观设计产生了深远的影响。如将宇宙事物综合归纳为天、地、人三才，人作为组成宇宙的一部分，应敬天爱地与天地参。所以"崇尚自然，师法自然"成为中国古典园林创作所遵循的一条准则。在此思想指导下，中国古典园林把物质性构件有机地融合为一体，在有限的空间中利用自然、模拟自然，把自然美与人工美统一起来，追求与自然环境协调共生、天人合一的理想家园，创造出独具特点的园林艺术风格。

（二）皇家园林的主要特征

1. 规模宏大、气派

皇家园林无一不是占地面积广阔、建筑恢宏、金碧辉煌，尽显帝王气派。设计上多采用"集锦式"的分散布局方式，按地形、地貌把园区分为山区、湖区、平原区等分别进行具体设计。这类园林的横向延续面一般都比较大，容易出现景物空旷的现象，为了避免出现空疏、散漫、平淡和山水比例失调的状况，在园区规划时，一般设计一个或几个以较大水面为视觉中心的开阔景区，其他地段则采取化整为零、集零为整的规划方式，划分出许多面积比较小、相对幽闭的小景区，并使每个小景区都能自成单元，以不同的景观主题和不同的建筑形象，来完善园林的整体形象和功能。它们既是大园林的组成部分，又是相对独立完整的小园林格局，形成园中有园的"集锦式"的格局。

2. 建筑风格多姿多彩

建筑风格多姿多彩、金碧辉煌是皇家建筑的特点，在清代皇家园林设计中，无数景点的建筑风格，无一不是气势辉煌、精工细造，既有玲珑秀美的江南私园景色，如杭州苏堤六桥、苏州狮子林、镇江宝塔等，又可见到别具风韵的民族建筑和对佛道寺观园林的包容，如北京的北海公园以藏式白塔为中心的琼华岛，还有欧洲文艺复兴时期的"西洋景"，如圆明园中的许多仿欧式风格的建筑。各种园林流派和造园思想在这里汇聚和积淀，建筑风格多姿多彩，形成了气势浩大的皇家园林体系。

3. 功能齐全

在皇家园林设计中，对使用功能的设计也是非常齐全、完善的。在园中既可以处理政务、接受朝贺，又可休闲看戏、居住修炼、游园观赏，还可游猎等，使用功能合理、完备且非常奢华。

二、私家园林

私家园林主要是官僚、地主、富商为满足生活享乐或逃避现实政治而建造的私人园区，既在城市环境中居住，又能享受自然风光之美、山水林泉之趣。私家园林由于经济能力和封建礼法的限制，一般规模都不太大。但要体现大自然的山水景致、万般气象，还有居住者的人文趣味及诗情画意，就必须对自然世界和人文情怀做典型性的概括，由此引出了造园艺术的写意创作方法。中国园林建筑以木质为主体结构材料，由于木质比较容易朽毁，所以传统园林完整保存的年龄受到限制，遗存下来的古代园林以明清代最多。明清园林便成为中国古典园林的总结。明清江南私家园林集中在苏州和扬州，这也是明清两代经济和文化较为发达的地区。

（一）传统文化的影响

私家园林的文化特征是曲径通幽、诗情画意。秀美而又富于变化，规划布局自由散淡、结构不拘定式。青瓦素墙、小桥流水、翠竹叠石，从不以非常直白的表现手法表述周边环境，而是以层层围合、迂回含蓄的表现手法来表现宽松、洒脱、淡雅的民居园林特征，这之中包含着中国传统文化和传统审美的主要特征。以苏州园林为例，受传统文化的长期浸染，园林设计表现的文化底蕴极其深厚，其中以道家思想对其影响最为深刻，追求清静与朴素的脱俗境界，以表现主人雅致、秀婉、内敛的超脱心态。

（二）江南私家园林的特点

1. 山石水景人造天成

水景和假山叠石分别代表自然界的水体与山丘，是中国园林的设计要素。中国园林视水为造园之要事，无水之园则不成为园，有水仅为止水也不足成为园林之趣，山与水相配，水与山相成，所谓"山脉之通，按其水径，水道之达，理其山形"。水是中国园林艺术中活的灵魂，水景是园林中最富魅力的景观，"山贵有脉，水贵有源，脉源贯通，全园生动"。它同山石景观动静辉映、相得益彰。设计者往往根据假山峰石的脉络走向，组织水的源头与流向，构筑各种形态的湖池溪泉，把自然山水中的峭峰飞瀑、峡谷深渊、曲岸平湖、幽陵溪涧等不同风格，浓缩引入园林设计中。让叮咚的水流声，感染游人，使人感觉身处自然山水之中，诗趣顿生，神魂俱醉。

2. 花木栽培趣味横生

中国园林的树木栽植，不仅是为了绿化，更重要的是具有诗情画意。园林中的草树花卉，多为人工栽种与养护，按一定的审美要求和景观效果对其进行艺术加工，通过加工的草树花卉显得更具自然气象，使其更具景观效果和人文趣味。"山得水而活，得草木而华"，园林有了多姿的植物，才会有生气和趣味。和叠山理水一样，园林花草树木的点缀也注重顺应自然，大都重姿态而不求名贵品种，要有画境。山东曲阜孔府的古柏、苏州拙政园的枫杨，都是一园之胜。

3. 注重景观的布局，以游廊分割景区引导人们的视线

常用的造园手法有借景、对景、漏景等。园林中最重要的空间运用手法是借景，借景的方法被明代计成称为"林园之最要者"（《园冶》），即突破园内自然条件的限制，充分利用周围环境的美景，使园内外景色融为一体，产生丰富的美感。比如苏州沧浪亭，园外有一湾河水，在面向河池的一侧不设围墙，而设有漏窗的复廊，外部水面开阔的景色通过漏窗而入园内，使沧浪亭园内空间顿觉扩大，使人们在有限的空间中体会到

了无限时空的韵味。

4. 以小见大，曲折幽深

园林艺术的关键在于"景"。为了求得景的瞬息万变、意境的幽深、引人入胜，我国古典园林在布局上无不极尽蜿蜒曲折之能事，无论是分景、障景、隔景，都是为了追求"曲"，使景致丰富深远，增添构图变化，以达到景越藏则意境越深的效果。而曲折、含蓄又主要是通过园林各组成要素之间的虚实、疏密、藏露、起伏错落、曲直对比以及它们之间的巧妙结合来充分展现。"大中见小，小中见大，虚中有实，实中有虚，或藏或露，或深或浅，不仅在周回曲折四字也"（沈复《浮生六记》），"水必曲，园必隔"讲的正是这个道理。所以中国园林不论是整体布局还是局部设计都十分讲究曲折变化，追求一种"虽由人作，宛自天开"的自然情趣。苏州网师园面积只有9亩，主景区围绕水池建有廊、亭、馆等建筑，游廊嵌入水面的六亭，被认为是苏州古典园林中以少胜多的典范。

第二节　中国园林景观艺术设计的思想

一、中国古典园林设计思想对建筑室内生态景观的影响

（一）中国古典园林设计思想与建筑室内景观

中国园林的艺术特色，是两千年来封建统治阶级及文人雅士们的价值观念、社会思想、道德规范、生活追求和审美趣味的结晶。崇尚自然、热爱自然、亲近自然、欣赏自然和大自然共呼吸，这是古往今来人们生活中不可缺少的重要组成部分，园林作为自然的生活的环境场所，理应为人们所追求。自古以来就有踏青、修禊、登高、春游、野营、赏花等习俗，并一直延续至今。对植物、花卉的热爱也常洋溢于诗画之中，苏东坡曾云"宁可食无肉，不可居无竹"；杜甫诗云"卜居必林泉，结庐锦水边"。可见，人们对自然美景的追求是永无止境的。早在六朝时期中国古典园林就有了私家与皇家之分，而后造园艺术日趋完善，皇家、私家园林自成其独特风格，构成各类传统，给现今室内景观的设计带来了深远的影响。

"景观"与"观景"是中国古典造园中经常运用的手法，传达出隐晦、含蓄的意境变化。在布局上，中国园林常常运用内外兼而有之，你中有我、我中有你的手法。苏州拙政园的水廊，外廊迂回，苍翠层叠的林木，紫纤涵碧的水面，水廊筑于其中，水天一色，内外相应，给人以视觉离心、扩散的感受。

在中国古典园林中，人的参与使自然的运动最终形成完整的过程，如园林中用石的手法:石头是静止、坚硬、无生命的天然材料，而中国式的古典思维却将其拟人化了，山石成为人与自然之间沟通的桥梁。

随着人们生活水平的进一步提高，对精神上的追求也日渐提高。在室内环境中，人们要求空间布局合理，人流导向简洁、明确，这样才能"可行"。室内要有高级艺术摆设，墙上要有壁画和饰物，这样才能"可望"。室内要有水池、涌泉、瀑布和各种绿化的点缀，才有"可游"的价值。同时在周边环境中应设有与人们生活息息相关的餐饮、休闲、娱乐等场所，人们才有"可居"的意义。

（二）园林设计引入室内景观设计

在人类早期的建筑活动中，就已经采用在建筑中引入园林造景的方式将自然引入室内来改善内部小气候，营造舒适的生活环境。今天，先进的技术为把园林自然环境引入建筑室内部提供了有力的支持，使其呈现出多种多样的方式。

1. 庭院（天井）

庭院，是中国古建筑群布局的灵魂。这一自然古老的方式，在现代建筑中依然被大量地运用，它在建筑空间中不但起着通风采光的作用，而且成为建筑空间的重要组成部分，增强着建筑空间的表现力。杭州黄龙饭店建在西湖风景区与城市的接合部，建筑面积4万多平方米，设计摆脱了一般大中型宾馆的设计模式，借鉴中国绘画中"留白"的手法，将580间客房分解成三组六个单元，围绕一个大型的室外庭院布置。通过单体间的"留白"，避免了采用其他方案可能出现的庞大体量，从而使自然环境和城市空间与建筑空间得到完全的渗透和融合。作品充分体现了庭院作为空间构成的重要角色在现代建筑中所起的作用。上海龙柏饭店室内庭院将庭院引入建筑室内设计中，丰富了室内建筑空间。

2. 中庭

建筑的中庭这一概念其实也起源于庭院（天井），据称，希腊人最早在建筑中利用了露天庭院这一概念。后来，罗马人在这一基础上加以改进，在天井上加盖屋顶，形成了有顶盖的室内空间的雏形——中庭。如今，中庭这一形式有了很大的发展，其跨度之大、高度之高、内部空间之丰富均非昔日可比。阳光、植物、流水等自然要素被引入中庭，引入了建筑内部，内部空间被赋予了外部空间的特征，成为人们喜欢逗留和举行各种活动的场所。我国传统的院落式建筑布局，其最大的特点是形成具有位于建筑内部的室外空间即内庭，这种和外界隔离的绿化环境，因其清静不受干扰而能达到真正的休息作用。自20世纪80年代以来，我国也开始兴建带有中庭的大型公共建筑，如广州白天鹅宾馆部分就设计了一个高三层的中庭。中庭由顶部天窗采光，中庭的一角筑有假山，假山上建有小亭，人工瀑布从假山上分三级叠落而下，名曰"故乡水"，以唤起海外华人的思乡之情。

3. 借景，对景

如果说上述几种引入自然空间的方式是实实在在将自然的要素引入了建筑空间，可称之为"真实的引入"的话，那么，建筑通过借景、对景来引入自然景观的方法，可称之为对自然的"虚拟的引入"。自然本身并没有被移入建筑之中，只是进入了人们的视线，但能在建筑中观赏到外面的自然景色，与自然进行沟通，所谓"望梅止渴"，也不失为人生的一大乐事。

与室外园林的借景不同，室内自然景观除了可以借用室外景观，还可以借用室内建筑景观。在借景的同时，室内自然景观本身又被借用，成为建筑室内景观的部分。在借用室外自然景观上，一种是建筑基地本身处于良好的自然景观中，建筑内部没有布置自然景观，而是完全通过透明的围护结构借用室外景观。另一种是室内与室外自然景观有延续渗透，透明的围护结构并没有在视觉上割裂这种联系。

优美的室外园林景观可透过玻璃完全映入眼帘，虽然室内没有自然景观，但也足矣。这个置身于优美自然环境中的玻璃盒子内部还需要任何装饰吗？建筑空间面向内部庭院开放，在围合的庭院中引入自然景观，是一种古老而又久盛不衰的做法。在波特曼设计的上海商城的中庭中，引入了中国传统园林的元素，并以抽象化的斗拱作为符号，占据了空间的视觉焦点，这种中国化的景观空间，不仅具有景观意义，还具有人文价值。

在建筑的入口空间延续室外景观是不少位于外部自然景观条件良好的建筑的常用手法，这样可以使建筑室内室外空间过渡更为自然流畅。建筑师伦佐·皮亚诺和联合国教科文组织共用的位于意大利 Punta Nave 的工作室，用来研究建筑对自然材料的使用。在台地园式的建筑群中，没有比这更好的入口处理方式了。

此外，室内景观环境也可以是室外基地景观设计的延续。相似的材质、相似的分割方法，使室内外景观设计一体化，衔接自然。

（三）我国的园林与室内景观

中国北方和南方园林的设计风格虽然有明显的差异，前者壮丽，后者秀美，但它们都体现了自然天成之趣的设计思想，都是程度不同的自然风景园林，它们那丰富多彩的美都构成了令人心情舒畅、流连忘返的情景，为室内景观设计的发展奠定了基础。宋代画家郭熙在《林泉高致》一文中曾说："山水有可行者，有可望者，有可游者，有可居者"，"可行、可望、可游、可居"，让人"归复自然"。这也是中国古典园林设计的基本思想。室内景观艺术手法制造出亲切、朴素的民居院落氛围，再配上树、竹、盆景、灯笼、铜兽头等装饰物，更增添了餐厅环境自然清新的感受及浓郁的民族传统气氛。

二、古典园林造园思想对现代景观设计的影响

当人们在习惯于城市的喧嚣之余去古典园林游览一番时，在流连这美妙光景的同时，难免会产生一种别样的审美感受，主要是古人的造园思想和造园理念引起了我们的共鸣。中国古典园林追求的是人与自然的和谐，利用园林这一特殊的生活空间，将自己的某种情感或感慨通过某种意境展现出来。而这种造园思想在我们物质文明高度发展，更加怀念传统经典文化、思想的今天，对于现代景观设计更具指导力与吸引力。

（一）中国古典园林

中国古典园林可谓历史悠久、源远流长。经过几个世纪的不断完善与丰富，中国古典园林设计在宋明时期达到了一个新的高度，园林建设涌现出一个新的高潮。这一时期，中国古典园林可谓派别林立、琳琅满目。从派别角度来说，主要有皇家园林、寺庙园林及私家园林之分；而从地理方位的角度来看，又有云南园林、北方园林、江南园林、荆楚园林之分，其中最为有名的、最为典型的当属诗人园林。

中国古典园林的设计与建造风格不但在国内享有盛誉，而且在世界园林体系中占据着重要的地位，体现出一脉相承的发展态势。其最大的特点就是将园林的环境与历史文化及审美情趣进行了完美的融合，尽管也对外来文化进行了吸收和借鉴，但是具有中国特色的总体风格特点却没有发生根本变化。中国古典园林建设的目的主要是为了提升人们的生活品质，因此在设计与建造的过程中，非常注重对园林小气候的改善，比如对园林植被、水体、建筑物采光、保暖、位置等方面都进行了认真的考虑，以使园林形成一个整体的适宜居住生活的理想环境。

（二）古典园林的造园思想

纵观园林建设的古今发展历程，不难看出，中国古典园林追求的是对自然观及景观意境的表达。

首先是"自然观"的追求。在中国古典园林的设计之中，追求"自然"，强调"天人合一"是古典园林设计过程中永远不变的主题，皇家园林也好，私人园林也罢，寺庙园林等，都是自然的一种缩小的体现，最终反映的都是"自然"。只有"自然"的东西，才是真正美的东西，才能符合人们对于园林的审美观点。

其次是对于景观意境的表达。中国自古就有"仁者乐山，智者乐水"的说法，中国历史上的很多文人，都会借景或者物而抒发心中的感慨和思想，因此才会有众多的经典古诗词流传至今。古典园林中，任何一个建筑、景色，哪怕一草一木的布置，都可能寄托着一定的情绪和感受。在园林特定的空间，利用眼前的景物塑造"景有尽而

意未尽"的意境，使人们透过眼前的美景能够看到更深层次的、更为优美的东西，这就是古典园林造园的精髓所在。在中国古典园林的造园过程中，首先要对意境进行构建，然后再进行园中外部景物的营造。意境是先于景色而存在，园林中的景物是为园林的意境服务的；同时，园林的意境也不能离开景物而单独存在，它必须以景物为依托，进行园林意境的传达，两者相辅相成、缺一不可。

（三）古典园林的造园思想对现代景观设计的影响

首先，对现代景观设计追求自然、尊重自然思想的影响。古人在进行园林建设时特别崇尚自然，这种思想也与现代景观设计追求生态平衡、人地协调的自然观非常趋同，可谓是不谋而合。因此在进行现代景观设计时，很多设计都是借鉴了古典园林的自然观来处理人类目前所面临的生态危机，使人类与自然之间的关系变得更为协调，实现人类的可持续发展。这不但是对古典园林造园思想的继承和完善，更具有重大的实践与现实意义。所以，近几年涌现了很多以原有地貌景观、植被类型为基础的，将人工景观与自然景观巧妙结合融入周边环境中去的现代景观设计。

其次，对现代景观设计意境造景思想的影响。古典园林"意境造景"的思想也深深地影响着现代景观设计。现代景观设计同样强调意境造景，也需要营造景外之景；打造风景如诗如画、人在画中游的境界；更需要"石阑斜点笔，梧叶坐题诗"的意境。因此，现代风景设计有很多都大胆地借鉴了古典园林造景手法，比如运用山水植物在日月晨曦中变化造景等，营造现代的景、人、意境相互结合的景观设计，使我国古典园林的造园思想得以继承和发扬。

中国古典园林的造园思想不但是古人思想的结晶，更是世界园林艺术的一块瑰宝；不但将我国古典园林建设推向了一个新的高度、新的辉煌，而且对我国现代风景设计也产生了深远影响。作为一名景观设计师，应该对中国古典园林的造园思想进行深入学习与了解，这不但能够让中国古典园林文化思想得以传承，而且更有利于设计出更好、更优秀的作品，推动我国现代景观设计的进一步发展。

三、现代园林景观设计审美与儒学文化思想

2008年的一场奥运会将中华民族的传统文化传播到世界的各个角落，中华民族的传统文化震撼了世界。而儒学思想作为我国传统文化中的重要内容，也引起了世界的关注。任何国外的新兴事物传到了中国都必然受到我国传统文学的感染和号召，现代园林景观设计的审美也不例外。本节主要以现代园林景观设计中儒家文化的特征体现、现代建筑景观设计中的儒家美学思想这两个方面进行深入的解读。

（一）现代园林景观设计中儒学文化的特征体现

1. 我国城市的现代园林景观设计注重以人为本。以人为本一直是儒家思想中最重要的一个文化理念，在我国现代园林景观设计中有很重要的体现。基于这种观念，我国的现代园林景观设计过程中需要注意到人的心情愉悦，以人的需求作为园林景观设计的出发点。比如现代城市人们的生活节奏很快，各方面的压力会造成人的心理方面出现问题，园林景观设计时就要注意到人们在心理方面的需求。很多城市在大型的建筑群之间会修建一个大的公园，公园里有长椅、凉亭、小广场以满足不同人的心理需要。都市白领可以在长椅上午休、老年人可以在凉亭里面下棋、大妈们可以在广场上跳广场舞，不同的人在这样的公园里都可以得到心灵上的放松。这也是城市现代园林设计遵循儒家文化思想理念的体现。

2. 我国城市现代园林设计注重和谐理念。儒家思想最为重要的理念就是和谐，讲求人自身、人与社会、人与自然的和谐相处，所以我国城市现代园林设计中相较于外国更加注重人与自然的和谐相处。比如在园林设计中不同植物的配比、公园和森林的选址等都需要注重整体的和谐性。在儒家文化思想的影响下，现代城市园林的景观设计不会特意区分个人场所和公共场所，而是将不同的功能区域进行融合，使人与景观设计能够相互协调。在郊区工业区设计森林区域、在CBD建筑群中加入大型公园、在生活区增加外部绿化等措施无不体现了现代园林景观设计中的儒家文化思想。

3. 园林景观设计中体现儒家审美观。儒家的审美观注重自然美，我国的园林景观设计中主张自然美在园林设计中的重要配比。比如我国园林景观中注重引入湖景，在湖中有很多的游鱼，这是外国园林景观中所不具备的。受儒家思想的影响，现代园林景观设计中的植物多选择有寓意的植物，比如松、竹、梅是现代园林中最主要的植物。松树生命力极强，代表意志坚定；竹子节节拔高，蓬勃向上，不受霜寒影响，比喻坚贞的性格和虚心向上的高洁品质；"梅花香自苦寒来"，梅花一直代表着坚定的信念而为人所喜爱。外国的园林景观设计中的植物选择大多因为植物的习性选择，少了中国的文化意蕴。

（二）现代园林景观设计中体现的儒家美学思想

1. 和谐之美。上述现代园林景观设计中儒学文化的体现中已经对和谐之美有所涉及。儒家思想的核心观念就是"和"，这也代表着我国人民以和为贵的传统思想。在外国园林景观设计中追求个性化时，我国一直注重园林景观设计中的和谐美。讲求建筑、人、景观之间的和谐统一，追求景观与自然的有机结合。在进行景观设计时注重因地制宜，巧妙地将自然景观和人工设计相结合。注重石、湖、树等位置设计，体现人造景观和自然景观的亲昵。

2. 对称之美。儒家的"尚中"思想造就了富有中和情韵的道德美学原则，对称的景观设计在我国传统景观设计中的体现非常明显，苏州的拙政园、北京的颐和园、故宫博物院等都是我国对称美的集中体现。所以在我国现代园林景观设计中汲取了大量的古建筑对称设计理念，在园林景观设计中大量运用对称的设计方式。如现代城市园林景观设计中树木的排列对称、石拱桥的对称、湖泊的对称等，处处体现了儒家的对称之美。

儒家文化作为我国传统文化中的经典之学，对我国的现代园林景观设计处处产生影响。我国的传统文化意蕴丰富、源远流长，具有巨大的创造性。在现代美学中引入传统美学，才能让现代园林景观更加具有韵味，更加符合中国人民的审美。尽管现代的园林景观设计从国外引进，但是一味地照搬照抄外国思想，并不能促进我国现代园林景观设计的发展。只有在现代园林景观设计中将儒家文化思想深入运用，才能够真正地实现人与自然和谐相处。

第三节 传统建筑与现代设计的结合

一、中国传统建筑设计手法与现代技术结合

我国的建筑创作一直遵循着传统的创作手法，以民族传统文化为根基，然后随着时代的变换而发生新的变化。当前各国的建筑理念都传入我国，建筑理念呈现多元化的态势，这样的形势下，建筑创作仍然沿着自己的发展轨迹进行发展和变革，不断取得新的发展。当前，我国的建筑风格在世界建筑群中独树一帜，与其深厚的文化底蕴是分不开的。

（一）建筑设计手法的变化

1. 历史的延续

我国是一个拥有悠久历史文化和传统的大国，在建筑创作上也很大程度地体现了我国的文化内涵，我国的文化在长期的发展继承过程中，具有十分明显的保护色彩，这点在建筑创作上也得到了体现，目前，我国的建筑设计仍然以传统的创作理念为主。在我国的建筑历史上，学校教堂融入了鲜明的传统文化内涵，展现中国式的建筑特点。我国的文化对于我国人民影响深刻，因此，人们对于具有文化内涵的古建筑风格十分的容易接受，甚至还表现出莫名的好感。随着时间的推移，建筑风格逐渐开始产生变革，虽然仍存在一些具有明清时代特点的建筑，但是现代内容已经开始受到人们的喜爱和认可。虽然我国的建筑理念和风格对我国传统建筑设计手法的继承很大程度上维护了

我国的历史传承，但是当前的世界是相互交融的世界，经济全球化已经成为大的建筑背景，我国的建筑设计理念和风格不可避免地会遭受强烈的冲击，面临着巨大的挑战。

2. 建筑设计的变化

随着时代的变迁，国际交流更加频繁，在此背景下，我国扩大了对外开放的力度，进而获得了更好的发展，在许多领域都取得了巨大的成就。但是与此同时，对外开放程度的加深不可避免地给我国的经济发展带来巨大的冲击，建筑行业也是如此，各种先进的设计理念被传入，进而促进我国的建筑设计产生一定的改进。举例来说，关于柱的设计，在吸收了西方的柱廊及列柱等方法后，改变了原来比较单调的设计风格，在形式上更为丰富。关于屋顶的设计，我国在吸收了西方的设计理念后，开始采用切角、天窗等形式，改革了过去那种大屋顶、大屋面的形式。这些变化都得益于对外来先进设计理念的吸收。我国建筑设计虽然经过了改革与创新，但是就整体来看，与国外的先进设计理念还存在一定的差距，需要继续学习创新，并根据我国的实际情况，打开我国建筑设计的新格局。

3. 符号的提炼

建筑创作既有继承传统的一方面，也还有吸收外来先进理念的一方面，这在很大程度上体现出我国兼容并包的胸怀。中国的建筑创作通过对外来文化的吸收而不断地发展和创新，进而促进其可持续发展。建筑师在进行建筑设计的过程中，提炼传统建筑的符号，进而把握不同民居的特色，以具体的实际环境为根基，融合国外的先进设计理念，借助现代化的科学技术，在设计时进行大胆的尝试，推陈出新。举例来说，北京的炎黄艺术馆、中国国家图书馆、武夷山的武夷山庄及昆明99世博会中国馆等，都是推陈出新的典型代表。

（二）现代室内设计对传统设计手法的继承与创新

1. 传统元素在现代室内设计中的应用

（1）传统图形在现代室内设计中的应用。当前，在进行室内设计时，采用了很多的传统图形，这点在室内建筑及仿古的园林中表现得尤其明显。传统图形可以给人很强的视觉冲击感，在进行有关内涵的表达时比其他的元素更为直接，而且它的形式十分的丰富，可根据自己的兴趣爱好进行选择，因此受到大量的用户及设计者的青睐和采用。除此之外，传统图形由于具有一定的历史渊源，它的出现和产生多是和一定的社会时代背景紧密关联，在很大程度上体现了既定时代和社会的经济政治文化特征，因而较其他元素更具厚重感。另外，我国幅员辽阔，因此不同地域之间的文化具有很大的差异，即使是同样的图案在不同的地域中，被使用的形式可能存在着很大的区别，南北或者民族之间的差异而导致图形内涵的差异性，而这种差异性深受现代人的喜爱，进而成为室内设计不可或缺的重要组成部分，被大多数的设计师应用。在对传统图形使用时，并不仅仅是对传统图形的生搬硬套，而是通过现代化的方法或者工艺来对传统图形进行一定的改造和加工，不但很好地保留了传统图形的历史韵味，而且很好地展现了当下的时代特色，进而呈现出新的面貌，成为新旧融合的典型代表。

（2）传统色彩搭配在现代室内设计中的应用。对于建筑设计而言，色彩搭配在很大程度上影响着设计的优劣。根据我们的常识，在进行室内设计的欣赏时，最先抓住我们的眼球的就是色彩搭配，如果色彩搭配得很和谐，首先就给人先入为主的好感，而如果色彩搭配很不和谐，就会给人先入为主的不良印象，进而影响对其他设计的印象。因此，我们常常将色彩搭配视为室内设计的灵魂。观察我国古代的建筑设计，可以发现古代房屋在进行室内设计时，对色彩的运用具有自己的特点，通过构成方法和色彩搭配的有机结合，达到最佳之境。室内设计所用的材料本身就有色彩和肌理，将之进行有效的结合，使之相互映衬或者合二为一，达到最佳的设计效果。当下，在进行室内设计时，传统设计的色彩搭配的特点被设计师所运用，将传统色彩与现代化的时尚元素进行合理的搭配，不但能够很好地体现出设计的复古感，还能够体现出现代的时尚感，给人以美的享受。

（3）传统吉祥寓意在现代室内设计中的应用。我国的传统建筑设计中，吉祥寓意的元素是必不可少的，上至皇族贵胄的建筑，下至普通老百姓的住宅，吉祥寓意的元素均可看见，这样的情况经过几千年的发展，至今仍然是设计师的重要理念之一。这种吉祥寓意的元素最大限度表达了中国人民追求"平安""和谐"的理想，很好地诠释了人们对于美好生活的向往。这种追求美好生活的理想不管在任何时代，都是人们的共同期盼，因而在当下的室内设计中同样被广泛使用。举例来说，当下，人们在结婚时仍会贴许多的"喜"字，以讨个吉利；陕北地区十分流行的"窗花"等。

2. 现代室内设计对传统装饰文化内涵的借鉴

（1）以人为本的思想。当下，我们仍然在大力建设和谐社会，而和谐社会最重要的理念就是"以人为本"，社会的进步和发展一定要最大限度满足人们的需求，这种需求不仅仅是体现在物质环境的极大丰富上，更是体现在人们精神生活的极大丰富上，进而促进人们身心的共同发展。随着我国和谐社会建设的脚步加快，人们对物质文化水平的要求也越来越高，这样的变化极大地推动了现代室内设计的发展，人们对于居住环境的理解发生了质的变化，住所不再仅仅是为了遮风挡雨，更是为了放松和休闲，因此，视觉享受、精神享受及文化体验在现代室内设计中变得越来越重要，这也对设计师有着更高的要求。就当下的情况而言，我国的室内设计已经不再是单纯地进行墙体的粉刷及简单的装饰，而是需要将情感、美感、文化等众多的元素融合在一起，其中，传统的"仁和贵"等因素被广泛地使用。我国的室内设计从20世纪80年代的实用理念，到 20 世纪 90 年代的简单装饰理念，再到当今的融合理念，从追求简单实用到追求精神享受，很好地体现了人们对于自我价值、自我满足及自我需求提升的变化。"以人为本"不仅仅是一个政治概念，更是一种生活理念，它深深地扎根于我国的土壤之中，其深厚的底蕴和丰富的内涵必将使其在现代室内设计中大放异彩。

（2）集美思想的运用。所谓"集美"，顾名思义，也就是指将所有极具美感的因素集中在一起。追求美是人们的天性，我们的先辈很早就开始了追求美的旅程，他们在我们这片热土上追求美好的事物，并将其运用于日常生活中，充分地表达自己对于美好事物的憧憬和向往。"集美"的理念一直流传至今，现代的许多建筑都在追求美，举例来说，家具上的梅兰竹菊刻画、2008年奥运火炬的祥云图案等都是"集美"理念的代表。当今，人们对于信息的传递更加的快捷方便，大量的信息不再需要在浩瀚的书海中找寻，仅仅需要敲击键盘和鼠标就可以完成信息的查询，这使得人们对于传统元素的利用变得更加便捷。当前，在进行室内设计时，人们的追求更加多样化，儒雅型、简约型、中西结合型及古典型各有所好，多是众多美好因素的融合，这些已成为重要的设计理念。

（3）吉祥如意的诠释。上文所述的"集美"思想是人们对于美的追求，除此之外，吉祥如意的思想则是人们对于美好生活的向往，而且这种吉祥如意的思想在古代的建筑设计中被给予充分的重视。随着我国文化的发展，室内设计的主题也变得更加丰富，许多的传统因素被人们重新用于室内设计中，除了起到装饰的作用外，还表达出吉祥如意的意境，进而在人们繁忙的生活和巨大的工作压力下给人们以慰藉，满足人们的精神追求。

（4）对立统一规律。对立统一规律是唯物辩证法的主要思想之一，它的应用表现在社会生活的方方面面，建筑方面对于对立统一规律也有运用。故宫就是典型的代表，它在进行建筑时十分讲究对称和统一，是我国十分有名的轴对称建筑，体现了我国古代的中庸思想。此外，北京香山饭店的建筑设计也采用了大量的对称图形，很好地体现了道家中庸思想的内涵。北京香山饭店的第一排建筑使用了10对正方形，并且十分对称地排列分布在大门的两侧，此外，饭店广场上的流水图像使用的也是轴对称的形式，其整体的结构与我国的古建筑大体一致，很好地继承了我国古代文化的对立统一思想，并且在此基础上又进行了新的创新，体现出历史与时代相结合的美感。

在社会发展的过程中，建筑行业为人们的居住做出了很大的贡献。在长期的发展中，传统建筑设计手法一直被保持和继承，与此同时，在建筑中也很好地融合一些现代技术，因而更易被人们喜爱和接受。就像现代室内设计一样，不仅将传统图形、传统色彩搭配以及传统吉祥寓意运用在现代室内设计中，而且将传统的以人为本思想、集美思想、吉祥如意思想及对立统一规律运用在现代室内设计中。这样将中国传统建筑设计手法与现代技术结合的方式，展现出一种全新的设计理念，不但极大地提升满足了人们对于设计的要求，而且很大程度上促进建筑设计的可持续发展。

二、中国传统建筑装饰纹样在现代室内设计中的运用

装饰纹样中是存在独特的审美特征及美学规律的，它随着社会的发展进步而不断被丰富，如今已经被广泛应用于人们的室内空间设计当中，演绎并发挥了它巨大的装饰艺术审美价值。

（一）中国传统建筑装饰纹样与现代餐饮空间设计的关系阐释

现代餐饮空间多以传统文化为主题，而且某些颇具地域特色，这为它们在本地市场中的良性发展奠定了基础。在对餐饮空间进行设计过程中，就要正确理解、充分考量并适当把握传统建筑装饰艺术纹样的合理使用，明确建筑装饰纹样与现代餐饮空间设计之间的密切关系，进而有效开展这一项具有创造性的文化活动。

现代餐饮空间设计以传统饮食文化为主题，这也是一种文化延续发展与传承过程，它与现代文化融合，也希望与传统建筑装饰纹样结合，利用传统建筑装饰纹样中的某些典型特征元素符号来引导空间设计理念，进而选择并展示合适且优秀的空间表现形式。换言之，现代空间设计与创造应该源于传统艺术思维，但它的创作也并非是向传统艺术的简单索取与复制，因为它还与现代设计理念及法则相结合，最终形成全新的艺术创作成果，实现古今合璧。如此中古结合的设计创造形式也为现代餐饮空间设计平添了几分内在魅力，它的创新性应用是不言而喻的，它不但赋予了餐饮空间以现代感，也体现了传统装饰文化内涵。举个例子，某餐厅在空间设计中采用了联络室内外的隔断窗，它成为整个空间设计的亮点，格外引人注目。因为从设计形式上，它采用了与其他餐饮空间设计不一样的风格，但在造型语言上却与空间整体相得益彰。隔断窗所采用的是传统建筑装饰纹样中的冰裂纹花窗影子造型，但考虑到传统冰裂纹花窗形式过于古板规矩，纹路也相对固定，所以设计者在这里对冰裂纹的尺寸进行了夸张调整，利用现代材料在整个隔断窗上镶嵌了一组不规则框架，再配合半透明材料来凸显外部光的照射作用，让隔断窗上的冰裂纹造型更加晶莹剔透，闪闪发光。这种设计改造独具创意，不但没有失掉对传统建筑装饰纹样的有效理解应用，也在一定程度上保证了空间设计的文化内涵，为整个餐饮空间设计添姿增色。这就是传统建筑装饰纹样与现代室内设计之间的关系，设计者完全可以通过自身设计创意来改善二者之间的关系，但从本质上来讲，它们之间依然是相辅相成的，在共同融合背景下才能熠熠生辉，凸显室内设计的艺术美感。

(二)现代餐饮空间设计中采用传统建筑装饰纹样的局限性

当代社会发展节奏快速,室内空间设计的艺术理念也已经趋于功能化、综合化,它们的类型丰富且功能多元,就如今的餐饮空间设计来说,餐厅不仅仅提供就餐服务也追求就餐过程中给顾客带来的理想化甚至艺术化的精神体验,这也是未来餐饮经营理念的必然演变趋势。但也正是由于社会发展节奏的快速化,人们驻足餐厅的时间不会太长,整体就餐环境讲求快节奏、高效率,所以大部分餐饮空间的装饰设计趋于开放和色彩明快主题,整体上空间格局设计整齐简洁,实际上并不适用某些讲求内涵的传统装饰元素。这说明在现代化、多元化经营理念下,餐饮空间的性质与需求正在发生着快速改变,某些传统的餐饮空间形式设计过分追求中国传统设计的规范性与一致性,这导致它们在现代餐饮空间设计中受到限制,无法发挥其应有的艺术魅力。

另外,传统建筑装饰纹样源于传统建筑结构,它在历朝历代的变化虽然丰富,但与现代建筑结构形式与特征相比还存在较大差异,特别是在利用新结构、新材料、新技术将这些传统艺术元素用于新展示功能的过程中,其改变可能无法迎合现代人的生活需求。换言之,在现代人审美大局观中,传统建筑的构成要素与运用已经无法匹配大多数人的审美口味,所以这也让传统建筑装饰纹样在现代餐饮空间设计中存在过多局限性。归根结底。还是由于现代社会中人们无法正确认识并对待传统建筑装饰艺术元素,因此如果希望它在现代设计中得以延续,还需要迎合现代化设计元素,并寻求创新与巧妙融合,找到正确的表达途径。

(三)现代餐饮空间设计中对中国传统建筑装饰纹样的运用赏析

1.对传统建筑装饰纹样要素的移植运用

直接将中国传统建筑装饰纹样题材及某些装饰构件运用于餐饮空间设计当中,这被现代人称之为"复古再现"创作手法。这些传统艺术元素在经历了长期的实践运用与文化传承后,无论在技艺表现还是在艺术成色上都已经相当成熟,许多艺术纹样已经成为经典,因此它们被现代人直接移植过来使用,像比较经典的"福""禄""喜""寿"等文字纹样,以及"龙""马""喜鹊"等动物纹样都为许多餐饮空间设计所直接采用,它们都具有民族文化本质特征,能够直接区别于现代设计元素而独立存在,象征着餐厅本身对传统文化的借鉴与崇尚。

所谓"移植",我们可以理解为现代餐饮空间在设计中直接照搬传统装饰纹样与建筑构件,其目的就是营造一种完全的古典环境,这一思路贯穿于整个餐饮空间构造与区域划分设计始终,大到整体界面设计,小到细节构件设计,每一处设计都体现匠心独具,体现了设计者对古典式室内空间氛围营造的深度理解。比如以某茶楼为例,它就采用了大量的中国传统建筑装饰纹样,像月梁、雀替等都是对传统装饰纹样的有效借鉴,而某些带有传统纹样的结构构件如栏杆、屋檐、高台基也被运用其中,实现了对餐饮空间设计的有效划分，体现了传统文化意蕴之美。在现代建筑结构中，这种完全移植的复古设计能够与餐饮空间主题相融合，其目的就是为食客再现传统氛围，打造一种别样的就餐体验。所以从该茶楼的设计来看，它就满足了"高台榭、美宫室"的传统典雅意境。特别是高石台基上花鸟纹样的设计既清新又简洁明快，它完美地与地面亭台相互衔接，再配合现代装饰材质与光影效果就体现出一种切合茶楼古色古韵主题的文化艺术意境，这就是传统装饰纹样与构件在现代室内空间结构设计中的完美移植，二者相辅相成，展示出了一种较为融洽的发展态势，突出了古今合璧的形式美感。

实际上，类似这样的完全复古移植案例非常多，像某些餐饮空间设计在主题、空间形制、规划上都深受传统装饰纹样要素影响，将古代繁复的花鸟题材与现代简约的设计理念相交，并在新旧之处拿捏得恰到好处。例如，在设计中重视对餐饮空间主题的有效贴合，将花鸟格窗形式隔断斜向分割，这种移植可以被视为是对传统装饰纹样设计的创新改变，其形式感突出且新颖，既能彰显主题意境，又能体现餐饮空间艺术要素变化，这种移植是值得许多餐饮空间设计者学习和借鉴的。

2. 对传统建筑装饰纹样要素的重构运用

对传统建筑装饰纹样要素可以移植，当然也可以重构，重构是对传统文化的创新过程，这一点已经被现代人深刻体会并娴熟运用。现代人讲求室内空间设计的立体化构造，它能够让空间更加开阔，同时也能体现某种空间层次感和韵律感。采用立体构成的方法来装饰空间，并非是传统中将建筑装饰纹样简单依附于实体建筑构件上，而是希望打破这种纹样造型的二维及2.5维空间，走出平面表达禁锢，形成三维立体构成设计，打造全新的三维空间。这种立体化构造充分保留了纹样的固有特征，无论是在建筑结构、空间尺度，还是在施工工艺、材料技术等方面都实现了条件制约突破，为传统建筑装饰纹样增添了几分现代化魅力。例如某餐饮空间中运用到了立体化构造的云纹设计，它远看是一团云朵，它所采用的是反射能力较强的材料，将祥云造型展示于室内空间中，呈现出一种虚实相生的立体艺术效果，它的装饰纹样与整体造型都充分利用到了空间中光与色的特殊作用，所营造的意境奇特且新颖，更有一种腾云驾雾的灵动感，这就是对中国传统建筑装饰纹样的创新重构。

千百年来，中国人以传统文化为傲，在现代室内空间设计中沿用大量传统要素，如本节所提到的建筑装饰纹样，他们取其意、延其神，在原味移植的同时也追求创新突破，创作出了更多形式美感强烈且简约明快的传统建筑装饰纹样现代空间设计。这实际上就是对文化的传承与重新解读，它满足了现代人对传统文化的多元化需求，是对传统美的可持续健康发展过程。

第四节　山石、水、植物

一、园林植物与山石配置

山石在建造古典园林中起到非常重要的作用，因为山石不仅具有形式美的特点，还具有意境美和神韵美的特征，这使得山石在园林中具有很高的审美价值。所以，在古代有"园可无山，不可无石"的说法。在我国许多著名的园林中，均有"掇石为山"进行点缀，其中最典型的代表有北方富丽的皇家园林、江南秀丽的官宦私家园林及岭南独具特色的贬谪园林。园林设计的过程中，重点在于植物和山石相结合进行景观的创造，无论是要突出植物的特别还是山石的美，都需要结合植物、山石的自身特点和具体的周围环境，只有挑选出适合的植物和山石构造处理的园林才自然和美观。

（一）园林植物配置的基本原则

科学性和艺术性是创作完美的植物景观的先决条件，通过科学的方法，可以满足植物与环境在生态适应上的统一；同时，还能通过艺术构图原理体现出植物个体和群体的形式美，以及人们在欣赏时所产生的意境美。因为园林建设的地点存在很大的不同，所以选择的植物种类必须和所种植地点的气候相吻合，这样才能保证植物的正常成长，建造出具有观赏性的园林和营造出良好的生活环境。

1. 景观性原则

植物具有生命活力，因此不同的园林植物所表现出来的形态和生态特点存在很大的不同。同时，不同的植物适合生长的温度、土壤、季节等条件也有差异。所以，在进行园林设计时，要根据当地的具体气候环境、地质特点选择适合的植物；同时，植物的观赏性也要考虑进去。例如，根据园林的所在地选择不同高矮、形态的植物，这样可以让园林更具有美观价值和人为关怀性。

2. 生态性原则

生态平衡可以将园林的观赏性大幅度提高，即在园林设计时要优先达到生态平衡。生态设计是指构建多样性景观，合理配置绿化整体空间，将自然生态要素最大化，实现生产力健全的景观生态结构。而实现生态功能的基础是绿量。因此，在进行植物搭配时，要将乔、灌、草和地被复合群落搭配起来，提高光合作用的强度，增加气候环境的创造。同时，在选择植物时，还需要考虑植物的功能。例如，有很多的植物既具有绿化及美化环境的作用，还具有防风、固沙、防火、杀菌、隔音、吸滞粉尘、阻截有害气体和抗污染等保护和改善环境的作用。选择这些植物进行种植，既可以提高观赏性还具有调节气候的作用。

3. 生物多样性原则

单一的植物不仅会让人们审美疲劳，还不利于植物的自身生长。因此，在原料设计中，要选择更多的植物种类，这样不但提高了观赏价值，还保证了植物群落的稳定性和降低了不利因素的危害，保障了植物群落的健康成长。所以，只有在园林中种植多样性的植物，才能构建不同生态功能的植物群落，更好地发挥植物群落的景观效果和生态效果。

（二）植物和山石配置的形式

园林的观赏性在于所有物质的和谐，即存在于园林中的植物、山石和周围环境的搭配。所以，在园林的建设中，当利用植物与山石进行组织创造景观时，不仅要考虑植物、山石自身的特点，还需要考虑植物和山石所处的具体环境。根据周围的具体环境，选择适合该环境的植物和山石。选择植物主要考虑的是植物的种类、形态、高矮、大小及植物的和谐；选择山石主要考虑与所选植物的配合，使山石与植物组合完美结合，达到自然的效果。通常搭配的原则是柔美陪衬刚硬，多以在种植较为柔美的植物后，选择一些硬朗和气势的山石。单纯的植物无法表达和谐之美，如果配上山石，可以把植物显得更加富有神韵，让人们有一种真正置身于大自然中的感觉。

1. 层次分明、自然野趣——山石为主、植物为辅

古代的园林中，山石一般被放置在庭院的入口或者显眼的地方；而在现代的园林中，在公园或者住宅的入口也会放置山石。这足以显示出山石的重要性。而在公园中的山石旁，常会种植植物来点缀和烘托石头，这样可以达到静中有动、动中有静的效果，使得层次更分明。而在园林的设计中，山石为配景的植物配置更能展示自然植物群落形成的景观。这样也更接近于真实的自然环境。最常用的种植方式是在树丛、绿篱、栏杆、绿地边缘、道路两旁、转角处及建筑物前栽种花卉，然后再配以大小不同的山石，达到一种和谐美和亲切感。在崇尚自然和谐的今天，绿草中种植花镜是非常可行的一种种植方法。

2. 返璞归真、自然野趣——植物为主、山石为辅

植物是自然界中存在的一种神奇物质，其不仅因其形态的多样性闻名，还因其平衡自然界而闻名。在园林的设计中，植物的和谐种植可以让园林有自然和谐之美。然后配上山石，能够有动中有静的效果。如上海中山公园的环境一角由几块奇石和植物成组配置。石块大小呼应，有疏有密，植物有机地组合在石块之间，蒲苇、矮牵牛、秋海棠、银叶菊、伞房决明、南天竹、桃叶珊瑚等花境植物参差高下、生动有致。余山月湖山庄的主干道两侧以翠竹林为景观主体，林下茂盛葱郁的阴生植物、野生花卉、爬藤植物参差错落、生动野趣，偶见块石二三一组、凹凸不平、倾侧斜敧在浓林之下、

密丛之间,漫步其中,如置身郊野山林,让人充分领略到大自然的山野气息。

3.因地制宜、相得益彰——现代园林中的植物、山石配置

山石作为自然界的产物,在中国古典园林的建设中起到至关重要的作用,山石不但集结了山川的灵气而且蕴含了身后的历史文化,正因为其具有这种其他事物无法取代的特点所以在自然界中占据绝对主导地位。与古代的园林存在很大的不同,现代人们更追求一种身心均健康的生活方式,现代园林为了与时俱进,其设计必须符合当代人的精神与心理状态情感交流及审美情趣的基本要求。所以,现代园林的山石构造发生了历史性的改变。山石不再是纯天然的山石,而需要进行一定的人工雕刻和修饰,即将更多的人文文化融入其中。在这种山石中配上低矮的常绿草本植物或者宿根花卉层,这样更能凸显出搭配的灵动性,让人们观赏起来回味良久。在扬州的个园的月洞门前面,有一堵粉色的墙,墙上画有竹石,这个画面配上周围的翠竹,加上气候宜人和石笋参差,让人们如亲临大自然之中,不禁会感叹生活的美好。如此恰当的植物造型、色彩和山石相配合,更能衬托出山的姿态和坚韧的气势。

园林的创建是为了满足人们日益增长的精神需求,其不仅为人们创造出了优美的景色和文明和谐的休憩场所,还营造了温馨的环境。石是自然界的产物,利用石头堆创出山,然后将山石和植物进行完美的结合,不但体现了人类的智慧,还体现出中国园林独特的山水自然情趣。山石的坚韧体现了自然山川的灵气神韵,而植物则蕴含着柔美和不屈,两者的完美结合,将综合景观效果发挥得淋漓尽致。随着社会的发展,山石和植物合理搭配进行园林的设计和建设,已经成为现在园林设计的必然趋势。在园林中,植物不再是植物学意义上的植物,而是赋予了灵性的主观存在物;而山石也不再是矿物学意义上的山石,在园林中山石已经是有生命和灵性的存在物。让山石和植物成为园林的一部分,彰显了人类的智慧和胸怀;同时,增加了艺术效果,将园林诗意化和人性化。但是在园林植物和山石的搭配中包含着很深的学问。因此,本研究分析了园林植物配置的原则及阐述了植物和山石配置的方法,希望在实际工作中起到指导作用。

二、水环境与园林景观设计

现如今的社会生活中,经济发展速度变快,国家的实力不断增强,这样也就使得人们的生活速率变得极快,人们在生活中的负荷加重,长时间的高负荷工作会使人们的生活变得疲累、枯燥、乏味;于是人们在生活中急需精神世界的丰满,好看的视觉景观、丰富的视觉感受能够使人们心情愉悦,能够使人们的工作效率加快,更好地工作生活,为国家发展做出贡献。

（一）水环境与园林景观的关系及水景营造的原则

水在生活中具有很重要的作用，它能够保证人们在生活中的生存发展需要，园林景观设计能够使人们在生活中更好更快地发展，单就某一方面来讲，无论是水环境还是园林景观建设都是能够使得人们更好地生活的必需品，但两者在生活中也具有一定的联系，在进行园林景观设计建设中很多时候都会利用到水环境，园林景观在建设的时候一般都是静态的，但是水资源的出现和使用就能够使得园林景观充满生机和活力。这样就能够建设出动静结合、更具特色的园林景观；也就使得人们在生活中所看到的园林景观更具有活力，更能够为人们服务。水景在设计前必须考虑水的补充和排放问题，最好能通过天然水源解决问题。对于小型水体，可用人工水源，做到循环利用。必须符合园林总体造景的需要。由于大面积的水体缺乏立面的层次变化，不符合中国传统园林的造园意境，通常可通过在水中设立岛、堤，架设园桥、栽植水草，在岸边种植树木等多种手法，达到分隔空间、丰富层次的目的。

（二）水景在城市园林景观设计中的应用特点

1. 亲和性

在进行园林景观建设的时候应该满足实用性，园林景观在生活中除了能够改善生活的环境以外，还能够满足人们的精神需求，满足人们在生活中的的需要，使得人们在生活中充满动力，所以在进行园林景观建设的时候，应该以实用性为第一目的，以满足人们的生活需求为第一目的，只有这样建设的园林景观才是合格的，才是适合人们生活的。

2. 隐约性

在进行园林景观建设的时候，应该给人一种曲径通幽的感觉，给人一种更深入去探究的欲望，使得人们在生活中欣赏园林景观的时候，能够真正地放松心情，在进行建设的时候可以将水声、水影等因素进行融合，利用园林景观中的各种因素的重叠、覆盖以及互相遮掩等效果来设计出一个更好更美的园林景观。

3. 迷离性

在进行水环境与园林景观设计的时候，应该综合考虑到各个方面，将树木、花草、水声、光影等因素进行改进，给人一种"山重水复疑无路，柳暗花明又一村"的感觉，使得人们在进行园林参观的时候，能够真正地放松心灵，真正地保证自身的心情愉悦，真正地满足人们在生活中的精神需要，满足人们的精神世界。

4. 方便性

在进行设计的时候，应该考虑到水资源会因为长时间的使用出现污染的问题，各种园林景观的因素也会出现自然生长和掉落的问题，这都会影响园林景观的使用效果，这就告诉我们在进行设计的时候，应该考虑到这件事，保证在建设完成之后，能够长期有效的使用，出现问题之后，也能在最短的时间内进行恢复，保证人们能够真正放松心情，满足人们的需要。

（三）设计中的现存问题及相应改进措施

园林景观建设的目的，一方面是为了改善人们的生活环境，另一方面是满足人们的精神需要，但是在生活中的园林景观设计的时候，仍然存在一定的问题。

1. 安全方面

人们常说，水火无情，这就告诉我们在进行园林景观设计的时候，如果利用到水资源，就应该保证水资源的安全性能，园林景观在生活中经常是家长带着孩子去游玩的地方，很多小孩子都没有足够的安全意识，这就告诉人们在进行园林景观建设的时候，应该首先保证安全，不要出现不必要的伤害。

2. 艺术方面

在进行水环境与园林景观设计的时候，还应该满足一定的艺术性，但是现在很多设计单位在进行设计的时候，并没有进行艺术性的考虑，使得设计出的园林景观不堪入目，所以，相关单位在进行施工之前应该选择合适的设计师，设计出真正具有艺术性的作品，再进行施工，只有这样才能使园林景观真正发挥传递美的作用，真正满足人们的生存发展需要，真正使人们放松心情。

3. 结合问题

在进行园林景观设计的时候，水元素与园林景观的融合过程中，常常会给人一种很突兀的感觉，这都是因为在进行设计的时候没有将水元素与园林景观完美结合造成的，这也就告诉我们，在进行建设的时候，应该充分地考虑到各个方面，将水元素与园林景观的其他因素完美结合，设计出真正满足人们生存需要的园林景观。

人们生活的环境都离不开水，人们在生活中也需要园林景观来满足精神世界的富足，园林景观的建设也在很多时候会利用到水环境，只有这样才能使园林景观更生动，更具有活力。能够真正地使人们心旷神怡，真正放松心情，现如今的社会生活中的水环境与园林景观设计的时候仍然存在一定的问题，所以应该在原来的基础上励精图治，争取早日设计出更好的园林景观，满足人们的生活需要。

第五节 诗情画意

中国古典园林是由中国的农耕经济、集权政治、封建文化培育成长起来的，与同一阶段的其他国家的园林体系相比，历史最久、持续时间最长、分布范围最广，是一种博大精深而又源远流长的风景式园林体系。

基于这种历史背景，园林与古诗词、山水画等传统文化一脉相承，并且诞生最早（商周时期的苑囿）。而中国的传统文化是在佛、道、儒为主的传统文化引导下产生的。所以古人尤其是当时的士大夫、文人、雅士追求超尘、脱俗，寄情于自然山水更憧憬仙山琼阁诗情画意。他们认为只有在自然之中，心灵方可得到安顿，即"天人合一"。从大自然的天然生机趣味中，获得高雅的美的享受，具有很突出的情感性内涵。透过有限的景观的表象，去感受意象内蕴的无限的深意，从中领悟人生的哲理。

一、儒家道家思想的双重滋养

孔子（公元前551—479年），鲁国人，中国春秋末期的思想家和教育家，儒家思想的创始人。"知者乐水，仁者乐山"，运用于中国古典园林中就是把"比德"的思想以自然山水的方式来比拟。劲松坚忍不拔，寒梅独傲霜雪，翠竹谦虚高节，夏莲出淤泥而不染……都显现出一种理想高尚的人格情操。从而在园林布置中通过自然的景物比拟起象征意义。

老子（公元前580—550年），楚国人，"人法地，地法天，天法道，道法自然"。就是人效法地，地效法天，天效法道，道就按着它自己的样子运行。"为无为，则无不治"。不作为反"道"的事，则天下就会大治。后来孟子提出"天人合一"的理论，和老子的"道法"思想相仿，而天人合一一直是我国古典园林追求的最终目标。

庄子（公元前360—280年），宋国蒙人，是老子思想的继承和发展者，"天地与我并生，万物与我为一焉"。注重天地万物间的相互关系对人的显示作用，以及他们各自表现出的自然属性对人类精神的启示，崇敬天就是崇敬大自然和它对生命的滋养；获取天地生机来追求自身的繁茂，与大自然和谐共存，万物生命同一，相互依存、相互作用，带来生生不已。"天人合一"以达到人与自然的和谐，在中国古典园林里通常借助诗文绘画对园景进行审美点化，然后与自然的山水景物结合创造出超脱的景象。

二、山水诗画

"山水含清晖，清晖能娱人"（谢灵运《石壁精舍还湖中作》）。"知者乐水，仁者乐山"，其实还有一种因果关系，就是"乐水者智，乐山者寿"，这样说似乎可以充分显示山水怡情养性的功能。

中国古典园林不是一般地利用或简单模仿自然，而是有意识地加工、改造、精心调整，既源于自然又高于自然；同样的，山水诗总是包含着作者深刻的人生体验，也不单是模山范水，如"欲穷千里目，更上一层楼"王之涣《登鹳雀楼》以理势入诗，兼有教化和审美的双重功能，它表现出的求实态度和奋进精神，对读者无疑是有力的鞭策和激励。

"松下问童子,言师采药去;只在此山中,云深不知处。"唐代贾岛的《寻隐者不遇》,朴实生动地描绘了隐士悠然的生活。王维的"空山新雨后,天气晚来秋;明月松间照,清泉石上流"意境清幽,句句体"道"。果然是"诗中有画,画中有诗"。

山水画是中国人情思中最为厚重的沉淀。游山玩水的大陆文化意识,以山为德、水为性的内在修为意识,咫尺天涯的视错觉意识,一直是山水画演绎的中轴主线。从山水画中,我们可以集中体味中国画的意境、格调、气韵和色调。山水画外在表现为:虚静、朴素、自然。内在体现为无形、无象、无声的"道"的意志。这也必然是古典园林的追求。因为古典园林的发育和成熟,深藏着山水诗、山水画的"遗传基因"。

三、山水园林

古人在遨游名山大川中受到大自然的熏陶,把在自然中生活中的感受,体现在文字中成为诗词;体现在绘画中就成为中国山水画;移植到有限庭园空间中就形成了中国园林,实际上就是将宏伟秀丽的河山用写意的方法再现在一定的空间范围内,成为中国园林。"明月松间照,清泉石上流",王维把山间秋天的月夜写得那么宁静而又富有生气,他在长安东南最著名的"辋川别业"就是由他亲自设计的,由诗人宋之问的蓝田别墅改造而成。

清代钱泳在《覆园丛话》中说:"造园如做诗文,必使曲折有法,前后呼应。最忌堆砌,最忌错杂,方称佳构。"一言道破,造园与作诗文无异,从诗文中可悟造园法,而园林又能兴游以成诗文。诗文与造园同样要通过构思,中国园林,能在世界上独树一帜者,实以诗文造园也。

以苏州园林为例:几乎都取材于著名诗文或古诗。如留园自在处,留园水池北岸的一幢楼房,楼上名"远翠阁",楼下名"自在处",楼上"远翠"一名,取自诗"前生含远翠,罗列在窗中"之意,也是因为景诗相符的缘故;又如听雨轩,五代时南唐诗人李中有诗曰:"听雨入秋竹,留僧覆旧棋。"宋代诗人杨万里《秋雨叹》诗曰:"蕉叶半黄荷叶碧,两家秋雨一家声。"现代苏州园艺家周瘦鹃《芭蕉》诗曰:"芭蕉叶上潇潇雨,梦里犹闻碎玉声。"这里芭蕉、翠竹、荷叶都有,无论春夏秋冬,只要是雨夜,由于雨落在不同的植物上,加上听雨人的心态各异,自能听到各具情趣的雨声,境界绝妙,别有韵味。

四、园林与诗画意境

中国山水画与中国古典园林"崇尚自然,妙造自然"有异曲同工之妙。许多文人士大夫将他们的生活思想及传统文学和绘画所描写的意境融贯于园林的布局与造景之中,于是"诗情画意"逐渐成为中国园林设计的主导思想。

这种意境，是"欲把西湖比西子，淡妆浓抹总相宜"的美艳；是拙政园"出淤泥而不染，濯清涟而不妖"的高洁；是扬州个园"宁可食无肉，不可居无竹"的脱俗；是岳庙"杜鹃啼血猿哀鸣"后人对忠魂的敬仰和哀思。

到明、清两代，在这种主导思想的影响下，经过长时间的实践，逐步形成了具有中国独特风格的、富有诗情画意的山水画式的中国古典园林艺术。"有名园而无佳卉，犹金屋之鲜丽人。"(《花镜》)康熙和乾隆对承德避暑山庄72景的命名中，以树木花卉为风景主题的，就有万壑松风、松鹤清趣、梨花伴月、曲水荷香、清渚临境、莆田丛樾、松鹤斋、冷函亭、采菱渡、观莲所、万树园、嘉树轩和临芳墅等18处之多。这些题景，使有色、有香、有形的景色画面增添了有声、有名、有时的意义，能催人联想起更丰富的"情"和"意"。诗情画意与造园的直接结合，正反映了我国古代造园艺术的高超，大大提高了景色画面的表现力和感染力。

所以诗情与画意总是紧密相连不可分割，其画意是人之感官所感受，而诗情是人心灵所反映的情怀和境界。众所周知，人的眼、耳、鼻、舌、身五根能够识别色、声、香、味、触五境，但在此之外的更高的"境"，只有靠"悟"，只能是通过修炼提高层次方可领悟得到，中国古典园林恰恰具有更高的内涵和境界。

第五章 生态住宅景观节能设计研究

第一节 住宅景观生态节能设计基本概念

绿色住宅景观节能设计是一项重大且持续的工程，从小区规划设计、景观单体设计、景观细部设计到景观周围环境的设计，每个环节都相互影响、相互制约，而且还涉及其他很多方面，如新材料、新技术、新工艺的应用，再生能源的开发和利用等。因此我们在做节能设计时，要进行综合考虑，按照因地制宜、整体设计及全过程控制的原则，结合气候、经济、技术等多方面因素全面展开，进行住宅节能设计和优化。

一、绿色住宅景观设计的内容

（一）全寿命周期的概念

全寿命周期主要强调景观对资源和环境的影响在时间上的意义。景观从最初的规划设计到后续的施工建设、运营管理及最终的拆除，形成了一个全寿命周期。关注景观的全寿命周期，意味着不仅在规划设计阶段充分考虑并利用环境因素，而且确保施工过程中对环境的影响减至最低，运营管理阶段能为人们提供健康、舒适、低耗、高效、无害的空间，拆除后又对环境危害降到最低。景观对资源和环境的影响要有一个全时间段的估算，景观初期投入可能很低，但是运营成本可能会很高。

（二）强调最大限度地节约资源，保护环境和减少污染

建设部提出了"四节一环保"的要求，即着重强调节地、节能、节水、节材和保护环境，这也是我国景观业可持续发展面临的主要问题。保护环境、减少污染，资源的节约和资源的循环利用是关键，"少费多用"做好了必然有助于保护环境、减少污染。

（三）满足景观根本的功能需求

保证使用者的健康是最基本的要求，节约不能以牺牲使用者的健康为代价。"适用"强调的是适度消费的概念，决不能提倡奢侈与浪费。高效使用资源需要加大绿色住宅景观的科技含量，比如智能景观，通过采用智能的手段使景观在系统、功能、使用上

提高效率。

（四）景观要与自然和谐共生

景观业再也不能延续高消耗、高污染的传统景观发展模式，必须大力发展绿色住宅景观，才能适应现代城市生态建设发展的需要。不然，将会在景观领域重蹈先污染后治理的覆辙，危及后代子孙的生存。发展绿色住宅景观的最终目的是要实现人、景观与自然的协调统一。

二、绿色住宅景观的生态节能设计策略

（一）自然通风设计

从节能和舒适的角度考虑，自然通风是设计中要注意的一个很重要的问题，在景观设计中平面应避开冬季主导风向，充分利用春、夏、秋季凉爽时段的自然通风，通过被动方式，利用室外气流带走室内产生的余热，从而保证室内的舒适性，并缩短空调开启时间，达到节能的目的。

（二）景观朝向设计

朝向对景观能耗的影响也十分重大。太阳的辐射得热在夏季会增加制冷负荷，在冬季则能降低采暖负荷。朝向选择时应从当地气象条件、地理环境、景观用地等全面考虑，从节约用地的前提出发，优先采用本地区的最佳或接近最佳朝向，满足冬季能争取较多的日照，夏季避免过多的得热，还应有利于自然通风。从长期实践经验来看，南向是我国各地区较为适宜的景观朝向，但在景观设计时会受到各方面因素的制约，不可能都采用南向，就应因地制宜合理确定景观朝向，以满足节能与舒适的要求。

（三）景观体形系数

景观体形系数是节能景观设计特别要重视的问题。体形系数就是指景观物的外表面积与外表面积所包围的体积之比。景观体形的变化，直接影响着景观采暖空调的能耗，体形系数越小，从降低能耗的角度出发，应将体形系数控制在一个较低的水平，但过低的体形系数会压制景观设计师的创作灵感，平面布局受到限制，使景观造型呆板，使用功能不能合理的安排，因此，在具体的设计过程中，必须权衡利弊，合理确定景观造型，凹凸面不要过多，尽可能减少景观的外围护面积，避免体形变化过多而使体形系数增大，应将体形系数定在一个标准规定的范围内，以减少景观能耗。

（四）外墙的保温隔热性能

由于外墙在整个景观外包面积中占的比例最大，对景观能耗的影响也最大。在严寒地区冬季室内外温差达30℃~60℃，墙面传热造成的热损失非常可观。因此墙体的保温隔热是景观节能的一个重要部分。在设计时应控制墙体的传热系数，采用保温性

能好的砌体，如加砌混凝土自保温砌体，也可采用多层复合墙体，根据保温层位置的不同，复合墙体可分为外保温、内保温及夹心保温墙体，每种保温形式有各自的特点。外墙内保温和自保温由于结构的原因很难消除冷桥热桥，而采用外保温，则由于保温层覆盖整个外墙面而有利于避免冷桥热桥的产生，内保温还会受二次装修的影响，并占用室内空间，国家已开始限制在居住景观内使用它，但对于少量使用的墙体内保温是合理的。夹心保温是两侧为墙体材料中间为保温材料，这种材料有利于其内外装修的优点。另外，外墙外保温体系可以保护主体结构，延长景观物使用寿命，也可以方便地对旧有景观物进行节能改造，从长远来看，外保温的优越性明显高于其他形式，因此外墙应优先采用外保温来达到节能目的。

（五）门窗的保温隔热性能

在整个景观物的热损失中，门窗缝隙空气渗透的热损失则占20%～30%。所以，门窗是围护结构中节能的一个重点部位。门窗节能主要从减少空气渗透量、减少单位面积传热量等方面进行。减少渗透量可以减少室内外冷热气流的直接交换而增加设备负荷，可通过采用密封材料增加窗户的气密性；减少传热量是防止室内外温差的存在而引起的热量传递，景观物的窗户由镶嵌材料和窗框、扇型材组成。为此，要加强节能型窗框和节能玻璃等技术的推广和应用。塑钢门窗不仅防噪隔声功能显著、防雨水渗漏能力强、空气渗透量小，更主要的是塑钢门窗的导热系数极低，隔热效果优于铝材1250倍，在采暖和制冷上，能耗要低30%～50%，室内空调的启动次数明显减少，耗电量也显著减少。

（六）屋面的保温隔热性能

屋面在整个景观围护结构中所占的比例虽然远低于外墙，但对顶层房屋而言，却是比例最大的围护结构，其保温隔热性能的好坏，直接影响着顶层房屋的室内热环境与景观能耗，与外墙一样，也应控制传热系数，采用高效保温材料作为屋面的保温层，根据保温层的位置分为内保温和外保温，一般屋面大多采用外保温，传统的做法是保温层设在防水层内，现在更科学的做法是保温层设在防水层外的倒置式保温屋面，既提高了防水层的耐久性，又达到了保温隔热效果。

（七）采暖系统的节能

城市供暖实行城市集中供暖和区域供暖，合理提高锅炉的负荷，改善锅炉运行效率，采用管网水平衡技术，以及加强供热管道保温，可以大大提高热效率。除此之外。应该运用高技术成果开发高效节能的景观设备，利用可再生能源，充分提高采暖空调系统的用能效率，从而节约能源。

总之，绿色住宅景观是指在住宅景观的全寿命周期内，可以最大限度地节约资源（节能、节地、节水、节材），保护环境和减少污染，为人们提供健康、适用和高效的使用空间。与自然和谐共生的景观是消耗最少的能源、资源与环境损失，换取最好的人居环境的景观。绿色住宅景观设计的基本内容：在人与自然协调发展的基本原则下，运用生态学原理和方法，协调人、景观与自然环境间的关系，寻求创造生态景观环境的途径和设计方法，体现人、景观环境与自然生态在"功能"方面的关系，即生态平衡与生态景观环境设计和"美学"方面的关系——人工美与自然美的结合。

第二节　生态宜居住宅景观节能设计

目前，随着我国经济的可持续发展，资源节约型、环境友好型社会的建设已经是人心所向、大势所趋。对于景观行业来讲，为了实现其节能环保的愿景，我国大多数城市已经将绿色景观作为城市发展的战略，建造绿色景观势在必行。针对绿色景观的理念、评估标准和发展的目标三个方面进行分析，将我国奥运场馆作为设计实例，从生态宜居住宅设计方面进行描述，以便在全国绿色景观理念的基础上，将绿色景观理念的生态宜居住宅设计进行到底。

绿色景观是说在景观的使用年限内，可以最大限度地节约资源（节能、节地、节水、节材）、保护环境及减少污染，为人们提供高效、健康及适用的使用空间，还可以与自然和谐共生的环保的理想景观。近年来，随着经济的可持续发展以及资源节约型、环境友好型社会战略的实施，我国将绿色景观理念作为景观行业的战略目标。这一举措的实施，不仅有利于人与社会的和谐相处，更重要的是又对我国景观事业的工作者提出了新的挑战。

一、坚持绿色景观的设计理念

绿色景观的设计理念，主要是尽可能地减少环境的污染，节约资源，进而为人们创造一个安全、高效、健康、舒适的生活环境，而且与大自然和谐相处节能环保的景观。绿色景观主要是运用能源的有效节约及利用的方法来实现低负荷环境下节能生态住宅的发展，它能够将人与环境及景观三方面相互依存的生态景观模式体现出来。绿色景观将以人为本的景观理念融入景观中，进而为人们提供一种健康、适用、高效的空间，通过这种环境能够使人们心理上和生理上得到极大的满足，而且还在一定程度上提高了人们的生活水平及生活质量。绿色景观设计的过程主要是将资源的再利用和污染物的零排放作为设计原则，将资源尽可能地重复利用，节约能源。绿色景观是科学发展观理念和思想的充分体现，它不仅有效促进了景观业以及传统建材的发展，改进了我国房地产的产业结构及景观结构，与此同时，还对居住城市的生活安全稳定产生一定的影响，有效地维护了生态环境建设系统的健康安全。因此，我们应坚持绿色景观设计理念，以人、景观和自然环境的协调发展为目标，在利用天然条件和人工手段创造良好、健康的居住环境的同时，尽可能地控制和减少对自然环境的使用和破坏，充分体现向大自然的索取和回报之间的平衡，将绿色景观设计理念深入人心。

二、坚持绿色景观评估标准准则

2005年我国颁布了关于绿色住宅建设的相关标准及规范，颁布的主要目的就是为了实现景观工程技术的有效推动及发展，将景观的资源及能源可以最大限度进行应用，有效地在环境性、安全性、经济性、适用性和耐久性等五大性能方面列出具体详细的技术指标，进而将绿色景观的真实内涵体现出来。为了给我国绿色景观提供一个可靠的标准，促进其发展和进步，在2006年和2007年，我国住房城乡建设又相继颁布了一系列评估标准和规范，为我国绿色景观评价标识制度的建立奠定了基础。我国在2008年又对首批绿色景观设计者进行了奖励，进一步指明了我国绿色景观的发展方向。

三、坚持绿色景观的发展目标

我国以实现绿色景观的总体发展作为可持续发展的战略目标，进一步推动了我国绿色景观的发展，以极为全面的法律法规和可行的国家政策作为战略发展的主要参考，然后最大程度地推动绿色景观的发展，通过高端的科技为绿色景观打下基础，以正常使用年限的周期作为实践的前提。我国的绿色景观以最基本的发展政策贯彻落实科学发展观，切实转变城乡建设模式和景观业发展方式，提高资源利用效率，实现节能减排约束性目标，积极应对全球气候变化，建设资源节约型、环境友好型社会，提高生态文明水平，改善人民生活质量的同时制定出符合我国基本国情的绿色景观设计规划，进而建立科学合理可持续发展的评估体系。

四、坚持绿色景观节能环保原则

绿色景观理念坚持的主要是资源节约、环境友好及节能高效等几个方面。其中最重要的就是能源方面。即使我国资源丰富、地大物博，也不能无尽地消耗，我国有些资源的消耗量非常大，但是利用率却较低，甚至出现浪费严重的现象。怎样有效地节约资源、减少资源的浪费以及提高能源的重复利用率，是我们需要讨论的问题。不管过程多么艰难，我们都要将发现新能源及合理利用能源的理念融入绿色景观生态住宅设计和施工中来。

近年来，随着人口的急剧增长，我国的土地资源严重匮乏，节约土地已成为当前我国高度贯彻的政策。有效地节约土地资源，并有效地改变人口居住环境和模式，就需要人们从人均生态足迹以及土地生态价位等几个角度来进行考虑，有效地评价一个建设项目对土地资源所产生的影响，就要看其对土地的生态总价位的影响，从而有效地提高建设项目的生态价值。对于政府来讲，一定要积极鼓励大家开垦荒地、劣地来进行项目的建设，在提高土地利用率的同时还能实现绿色景观。对于施工单位来讲在进行项目建设的过程中，应尽最大可能选择绿色建材，节约能源的同时保护环境要尽可能地选择绿色建材，选择节能环保和经济性能较合适的景观材料最有效的方法就是就地取材，要尽可能地避免使用会释放有害气体的景观材料，并尽可能地选择可再度利用的建材，不要使用一些含有有害物质的建材，选材的时候要看是否可以重复利用，以节约景观材料。例如，钢结构高层景观和一体化钢结构。

五、坚持以绿色奥运为特色

我国奥运场馆的建成，充分展示了绿色景观的设计理念，所有的奥运场馆都有效实现了50%以上的节能目标，有些景观甚至能达到65～75%，同时还在外窗和外围护结构上有效实现了节能目标。在积极推广和使用新型能源方面，主要采用了地源、水源热泵、太阳能光伏发电和集热技术等技术，有效提高了绿色能源节能的比例。在进行奥运场馆建设的过程中，无论是从方案设计、选址及现场的景观施工，均在一定程度上考虑到了土地资源的节约和利用情况，例如，奥林匹克公园中心的地下通道，主要呈树枝状分布，能通往"鸟巢"以及"水立方"等比较重要的比赛场馆；其中心区的地下车库更是充分考虑了土地的有效利用，能有效提供超过千余个停车位；同时，对"水立方"地下空间的有效利用，还在一定程度上达到了有效控制水温和水流等多种功能。我国的奥运场馆在进行设计和建设时都落实了中水和雨水的并用，有效满足了节约水资源的要求。因为在全部的场馆中都应用了中水技术，有效实现了污水的零排放，能分别满足奥林匹克公园景观水系和绿化冲洗水量每年312万吨和157万吨的用水量；另外，还在极大程度上加大了对雨水的回用力度，6个地下蓄水池一年内能有效处理水资源5.8万立方米。绿色奥运场馆的建设，无论是在设计、规划、建设及使用等诸多方面，都有效实现了绿色、节能、环保的目标。它为我国基于绿色景观理念的生态宜居住宅设计提供了参考和借鉴，并指明了我国绿色景观发展的方向和标准，为我国绿色景观设计人员树立了学习榜样。

总之，绿色景观是一项节能、环保、高效的系统工程，它不仅是景观设计人员的责任，更是我们每一位景观工作者积极参与的重要任务，所以在进行绿色景观工程的建设时，我们要充分发挥自身的优势，为绿色景观的发展贡献自己的力量。

第三节 "生态景观"与"节能景观"的异同

本节阐明了生态景观与节能景观的含义,对两者的共性和个性分别展开了研究与分析,得出生态景观和节能景观将成为未来景观的重要发展方向的结论。

随着经济社会的高速发展,人民的生活水平不断提高,人们在满足衣食之外更加注重功能性的选择,其中,追求高质量、高品质的生活环境表明了人们对于景观的要求越来越苛刻。相对于人们无限的欲望,可供利用的资源却十分的有限,人多地少的国情更给资源利用带来了不小的压力,除此之外,资源密集是我国经济建设中产业的主要特点,消耗大、效率低、途径少,随之带来了一系列令人担忧的问题:资源的大量浪费、环境的严重污染、人们的健康得不到有效的保障等。由上可知,生态景观和节能景观将作为拥有巨大潜力的新选择进入人们的生活中。

生态景观表现出来的是人与自然的和谐,然而生态景观并不等于绿草如茵、花团锦簇,植物并不是衡量生态景观的唯一标准。生态景观的概念是:最大限度地利用现有资源和条件,运用科学的知识合理地设计、建造舒适环保的生活住宅。一方面,它讲究可持续,"满足当前的需要又不削弱子孙后代满足其需要能力的发展",主要表现在倡导节能环保,保证对资源的最大利用,提高对能源的利用效率,减少环境污染,另一方面,贯彻以人为本的理念,将新兴生态技术与有关生态观、有机结合观、回归自然观等环境价值观相结合,统一景观和环境之间的关系,来提高人民居住品质和平衡与自然、景观之间的关系。因此,生态景观将成为21世纪新景观的重要发展方向。

节能景观是在对景观规划分区、群体和单体、景观朝向、间距、太阳辐射、风向以及外部空间环境充分了解研究后,以低耗能为特色的景观。节能景观的前提是因地制宜,根据不同地区不同的自然条件,正确处理节能、节地、节材、环保之间的关系。以气候设计和节能为原则,结合公众需要,降低能源的消耗,并且将不断提高能源的利用率作为根本目的,建设一个环保节能的绿色住宅。发展节能景观对于我国的资源利用有着举足轻重的作用。

一、"生态景观"与"节能景观"的共同点

(一)贯彻相关政策与法规

我国正处于经济发展的加速阶段,面对巨大的人口数量和有限的自然资源,景观产业备受压力,国家对能源的节约、人民居住条件的改善给予了越来越多的重视。为了响应可持续发展战略,从20世纪90年代开始,我国便陆续有效开展相关景观节能

的工作。1990年,建设部提出了"节能、节水、节材、节地"的战略目标;1998年1月1日正式实施《中华人民共和国节约能源法》,其中景观节能与生态保护成为其中明确规定的内容。紧接着国家又陆续出台和实施了节能景观和生态景观相关法规政策,环境保护与经济建设两手抓,不仅要不断地增强可持续发展的能力和改善生态环境,还要提高资源的利用效率,加强人与自然的联系。

(二)节约资源

两者都强调资源的合理有效利用,重视环境保护在经济发展中的作用,一方面,注重新能源(如太阳能)的采集和使用,不断开发其他可供利用且效率高的景观材料,发挥其自带优点以减少对空调等高能耗电器的使用。另一方面,合理有效地利用资源,发挥资源的最大利用效力和效益,减少能源的浪费与消耗,提高能源的利用效率。

二、"生态景观"与"节能景观"的不同点

(一)效益不同

生态景观是经济效益和社会效益的结合,没有废弃物只有放错地方的资源,它充分利用光、热、水等自然资源,以减少对资源过度的消耗,体现了对资源的合理利用,同时也最大化地降低了对环境的污染。它不仅完美地结合了经济效益与社会效益,也将重点更多地放在社会成本上,改善室内室外环境以为人们打造舒适自然的绿色住所,在打造舒适住所的同时也保障了居住者的生命健康。而节能景观则与生态景观有所不同,它侧重于经济效益,我国的景观大部分属于高能耗景观。景观能耗约占全社会总能耗的30%,总量庞大,潜伏着巨大的能源危机。为了贯彻落实可持续发展战略,进一步提高经济的发展,相关景观节能设计标准规定陆续出台,节能与发展成为人们关注的重点。

(二)特征不同

节能景观在于节能,一方面要因地制宜,要保证其适应性和灵活性,不同地区下的环境各有不同,不同地区下的人文特色和条件也各有千秋,能源消耗量不是固定不变的,它会随着地区的温度、湿度、光照不同而随之改变;另一方面则是要体现其经济性,节能景观的造价一般高于同类景观,但也要严格地控制在一定的价格区间之内,不得超于一般同类景观物的20%。生态景观的着重点则在于环保,不仅要对资源进行合理利用,降低能源的消耗,也要重视环境的保护,降低污染,促进社会、自然、人类的循环发展。

全面、协调、可持续发展离不开生态保护和资源的有效利用,发展节能景观和生态景观能够带动多个产业的发展,从而带来巨大的经济、社会、生态效益,同时,两

者都强调以人为本、人与自然和谐相处,注重对环境的保护。由此可见,发展节能景观和生态景观必将是未来景观产业的必然趋势。

第六章　生态居住区景观设计

第一节　居住区景观规划设计的原则

城市居住区园林景观规划设计除了具有常规工程设计的特征之外，还具有独特的生态性、自然性和艺术性，设计师通过对植物和景观的应用，能够营造出优质的环境氛围，从根本上提升城市地区的环境水平。在进行设计的过程中，设计师应严格遵守功能性原则、地域性原则、立体性原则等，同时积极采取提升设计统一性、保证选材合理性、提升设计实用性、提升设计和谐性及保证主次明确性等设计策略，合理开展城市居住区园林景观规划设计工作，提升设计的有效性。

城市居住区园林景观囊括了传统园林和现代人居的诸多优势功能，除了能够提升城市地区生态水平之外，还能够让城市居民在繁重的工作之余得到休憩和放松，并提升市民的审美体验。园林景观是中国传统文化的一部分，而对园林设计进行创新，毫无疑问是对文化的一种创新，所以在开展城市居住区园林景观规划设计的过程中务必要考虑其本身的文化属性，从根本上保证其艺术价值和使用价值。然而目前很多城市居住区园林景观规划设计都存在诸多不足之处，因此有必要对本课题进行有效探讨。

一、居住区园林景观的设计原则

（一）功能性原则

城市居住区的户外空间至关重要，其是业主在业余时间休息的主要场地，因此在进行设计规划的过程中务必要考虑实用性，在设计过程中应根据户外空间的实际情况进行综合考量，如对空间的高度等因素进行分析，并在此基础上开展规划设计工作，除了要保证园林景观的审美作用之外，还需要让其能够在使用中为业主提供最佳的体验，否则园林景观设计就只能是面子工程，毫无实际作用可言。同时，还需要考虑规划设计方案是否能够让业主在户外空间内感受到放松和安全，否则景观空间设计也很难发挥应有的作用。换言之，就是必须保证城市居住区园林景观规划设计的功能性。要从年龄层次上进行考量，设计过程中应对居住区人群年龄结构进行分析，并根据不同年龄段的人所需要的功能进行分析，从而保证最终的设计功能贴合实际需求；要充分考虑空间功能的需求，在开展园林景观设计时，设计人员务必要对一些细节进行深入考量，从而使其细节符合功能化原则。

（二）地域性原则

城市居住区园林景观规划设计工作除了要遵守功能性原则之外，还需要遵守地域性原则，换言之就是要具有本地区特色，将自然特色和文化特色等融入园林景观设计中去，从而使之更符合当地的实际需求。例如，在规划和设计绿地景观的过程中，需要考虑当地的文化特色，并根据本地区的气候条件、植物种类等确定景观的具体设计思路，同时需要在奠定绿地景观格调的基础上进行具体设计，从而避免不同城市居住区园林景观的同质化问题。设计人员必须根据本地区的土壤土质特征、植被生长情况等开展设计工作，并将本地区独有的文化特色等融入其中，从根本上保证城市居住区园林景观规划设计的质量。

（三）立体性原则

在开展城市居住区园林景观规划设计的过程中，设计人员必须从整体出发进行考虑，设计时避免被平面思维所限制，保证景观的立体化审美效果。实际上，城市居住区园林景观规划设计中，景观的立体化程度决定了居住区的审美价值和趣味水平，因此设计人员务必要根据实际情况开展立体化设计，对硬质空间进行构建，完善绿化层次，起到提升立体化程度的作用。除此之外，也可以采取不同景观进行组合变换的方式，提升城市居住区园林景观规划设计的平面空间层次感，这样也能起到丰富审美体验的效果。

二、城市居住区园林景观设计方法

（一）提升设计的统一性

现阶段，业内不少设计人员在进行城市居住区园林景观规划设计时，不考虑设计效果和周边环境是否统一，一味照搬照抄所谓的"高级感设计方案"，最终得出的设计效果往往不伦不类、毫无章法，不仅导致资金浪费，还导致了景观水准的下降，难以得到人民群众的认可。因此，在进行城市居住区园林景观规划设计时，设计师必须要综合考察居住区本身的文化氛围和环境基调，并以此为基础确定统一的设计思路，再对其是否具有实用价值进行斟酌，只有这样才能确保园林景观设计和周边环境的统一性和协调性，让园林景观顺利融入城市环境而不显突兀。另外，还需要考虑其人性化需求，开展设计工作时要根据其使用需求，对各种景观进行科学的调配布置，使城市居住区园林景观具有合理的功能递进过程和统一的区域划分过程，在保证统一性的基础上保证使用效果。

(二)保证选材的合理性

绿色植物是城市居住区园林景观规划设计中最重要的因素之一，园林植物必须要经过有效的组合和调配才能发挥应有作用，提升城市居住区的审美效果。现阶段来看，很多城市居住区的园林植被设计不够合理，设计人员不断尝试新的设计思路却收效甚微，植被设计与主体不符、生拼硬凑的问题并不少见。部分设计师过分追求"新、奇、特"，不考虑植被的生长特征和价格，不断引进外来植被，最终导致植被无法顺利存活，给园林景观带来一定的负面影响。为了避免这些问题，园林景观的设计人员必须在设计过程中确认植被是否能与环境协调，并根据因地制宜、适地适树的设计思路，尊重植物的生长特征，合理地进行选材。另外，还需要根据目前已有的景观事物等作为参考，确认园林景观设计的根本基调，调用一切能利用的资源，考虑一切特殊的地形环境，除非特别必要，否则不应对原有条件进行改动。在选择植被的过程中，一般可选择本地区的原有植被，在原有植被不足的情况下可选择生长条件要求不高、存活率高的植被，保证城市居住区园林景观规划设计的选材合理性。

(三)提升设计的实用性

在进行城市居住区园林景观规划设计时，设计人员还需要考虑设计方案的实用性，让园林景观能够和居住区的使用需求达成一致。城市居住区园林景观除了要具有简单的观赏价值之外，还必须能够为居民提供休闲娱乐等功能，因此其必须要具有生活化特征。例如，在设计居住区园林景观时，可以适当增加儿童娱乐区，并利用明快的色彩进行设计，保证周边植被的稳定性，避免对儿童造成伤害；而在设计休闲区时，可选择树冠茂密、株形高大的植被，从而为老年人提供休憩乘凉的位置，最终达到提升城市居住区园林景观实用性的目标。

(四)提升设计的和谐性

居住区的园林景观规划设计有一定的特殊性，设计人员需要综合考虑植被的层次感，并根据高低错落的原则进行有效调整。例如，利用乔木、灌木和绿草等进行搭配，能够营造出比较和谐、具有立体化特征的景观。一般来说，高低层次应控制在3～4个，乔木、灌木的使用比例可控制在1：3，而绿草的高度一般不能超过低矮灌木的1/3，否则就会出现层次不分明、喧宾夺主的问题。除了保证立体空间上的和谐性之外，还要保证植被变化的季节和谐性，对植物进行有效配置，保证两季或三季都有可欣赏的景观，利用常绿植物保证园林景观四季有绿色，从而提升城市居住区园林景观规划设计的和谐性。

（五）保证主次的明确性

城市居住区园林景观规划设计并不能毫无重点，成功的园林设计必然有其侧重点和突出景观，只有这样才具有可观赏性。在设计过程中必须合理设置关键景观，从而确保其主次明确性。关键景观可以是水景，也可以是山石景观，或者是植物景观，只需要保证其能够顺利融入周围环境并在其中脱颖而出即可。实际上，城市居住区园林景观规划设计是传统园林设计的一种延伸，因此在进行设计规划的过程中，工作人员必须考虑园林本身的特点，通过主要景观使之主次分明，提升园林景观的审美价值。

（六）其他对策和建议

要尽快建立健全城市居住区园林景观设计标准，加强景观设计效果的评价，提升行业整体水平。目前，城市地区的居住区大多被划为诸多小区。为了有效提升居住体验，必须充分认识到城市居住区园林景观生态化设计的重要性，在进行设计规划的过程中采取有效措施提升其生态效果，充分利用原有景观和植被，避免大批量应用亭台楼阁等，解决城市居住区园林景观规划设计存在的资源浪费、环境破坏问题，使园林景观设计更加贴合可持续发展的需求。要积极主动地做好园林工程的施工工作。城市居住区园林景观规划设计只是一个步骤，最终的落实离不开施工人员的努力。在施工时，应严格遵守规划设计方案的相关内容，采取有效技术措施提升施工质量，对植被景观进行精心养护，确保居住区园林景观的最终水平。目前，城市居住区园林景观规划设计存在无法跟上时代步伐、创新性不足、形似而神不似等一系列问题，还有一些城市居住区景观甚至只是面子工程，毫无应用价值。出现这一系列问题主要是因为设计人员的综合素质低下、工作态度不精细，在技术交底中也无法进行有效沟通。为了充分解决上述问题，提升城市居住区园林景观规划设计效果，在今后的发展中需要加强专业化人才培养力度，建设一支有能力、有素养的设计团队，从人的角度出发改变设计中存在的一系列问题。例如，城市居住区园林景观规划设计涉及植物保护学、植物生理学、植物栽培技术等一系列专业化知识，只有加强专业教育、提升设计规划人员的综合素养，才能让设计人员掌握这些知识或技巧，提升城市居住区园林景观规划设计的最终效果。

城市地区的园林景观并不能独立于环境之外，必然要融入周边环境才能发挥应有的作用。因此，在今后的居住区园林景观规划设计工作中，设计人员需要根据本地区实际情况合理选择植被、做好立体层次规划、保证景观与周边环境的协调，同时避免照搬照抄、一味追求新奇特的问题，从而达到提升城市居住区园林景观规划设计水平的目标。另外，设计人员还需要根据工作经验不断摸索，以期找到更行之有效的设计方法，提升园林景观的设计效果。

第二节 居住区景观规划设计内容及其要点

随着城市化进程的不断加快与社会经济的飞速发展，人们的生活质量也有了很大的提高，人们对居住区的环境建设质量的要求也越来越高，作为城市绿地规划设计重要组成部分的城市居住区环境景观规划设计，不仅能够改善居民的生活环境质量，也是改善居民户外活动空间不可缺少的一部分。因此，把城市居住区环境景观规划设计做好，是一项非常重要的工作。

一、居住区景观规划设计的原则

（一）坚持以人为本的原则

居住区的环境景观规划设计主要是为当地的居民提供服务的，因为居民生活的基本条件便是居住区的环境，居民是城市居住区的主体，所以居住区景观环境设计要体现以人为本的原则。在做居住区景观环境规划设计的时候，要充分做到造景服务于人、景观为人所用，使景观绿化充满生活气息。

（二）坚持生态性原则

在做居住区景观规划设计时应该尽量保持已有的良好生态环境，改善不好的生态环境。我们要充分利用先进的生态技术来进行景观规划设计，使其朝着有利于人类的方向发展。

（三）坚持适地适树、因地制宜的原则

在进行绿化时要根据当地的情况来选择植物，要做到因地制宜、合理配置，切不可盲目种植。居住区绿化设计的植物配置应根据当地的环境气候条件，以乡土树种为主，适当栽植一些引种成功的外来树种，从而可以起到丰富景观的多样性作用，增加景观的层次感。

（四）坚持实用性原则

居住区绿地规划设计不可一味地追求观赏性而忽视它的实用性，在居住区中进行绿地规划是为当地居民服务的，要以人为主。居民在此空间中进行运动、休闲、娱乐等户外活动，在进行绿地设计时要充分考虑到这些功能设施，以便更好地为当地的居民服务。如果只注重居住区绿地的观赏性而忽视了它的实用价值，那么居住区绿地规划设计将会失去它原有的价值特征。

二、居住区景观规划设计的作用

（一）居住区绿化具有美学的功能

利用园林植物的种类、色彩、形态等特征来进行园林植物的配置，如各种乔灌木、草皮、花卉等的搭配来营造一种富有季相变化、一年四季皆有景色可观的环境，不仅可以使当地的居民身心愉悦，而且可以得到很好的视觉享受。在城市居住区中，配置的植物还可以与居住区内的建筑相协调，融入景观中，构成一道美丽的风景。

（二）居住区绿化还能够为居民提供娱乐与休闲的场所

居住区绿地是居民游憩休闲的场所，居民不仅可以在此锻炼身体、消除疲劳、观赏景色、放松心情，还可以从事社交活动，例如下棋、聊天、打牌等。

（三）居住区绿化可以改善城市环境质量

1. 具有降温增湿的作用

根据调查资料显示，繁茂的树木能够遮挡住 51%～91% 的太阳辐射。80% 左右的太阳光线可以被草地上的草木所遮挡。植物的蒸腾作用也能释放大量水分，增加湿度。另外，植物的根部能够保持一定的水分，地面上的大量热量可以被植物的根部所吸收，从而起到降温的作用。

2. 具有降低噪声的作用

在居住区绿化中，利用乔木和灌木的密植搭配，从而形成一道绿篱声障，采用常绿树种的效果更加明显。一般来说，绿化植被可以减弱噪声 20%，9 米宽的乔灌混合绿带可以减少噪声 9 分贝。

3. 具有阻滞烟尘和吸收废气的作用

植物在进行光合作用时，能够吸收空气中大量的二氧化碳并释放出氧气。据统计，每公顷绿地每天能够吸收 900 千克二氧化碳，产生 600 千克氧气。绿化还可以吸收空气中的有毒气体，如一氧化碳和二氧化硫等，起到自然净化空气的作用。绿化还能够阻挡风沙，防止水土流失。

三、居住区景观规划设计过程中存在的问题及解决方法

（一）存在的问题

1. 居住区园林绿化设计中缺乏人性化考虑，忽略了"以人为本"原则

居住区环境所追求的不仅仅是为了欣赏美丽景观，还应该处处为居民着想、以人为本、注重人的尺度要求，创造亲切的人性化空间。所以在居住区环境规划设计中，要充分考虑人性化要求，真正达到为人服务的目的。

2.设计中缺乏整体性考虑，忽略整体效果，建筑风格与景观不一致，缺乏协调感

许多设计者在居住区园林景观设计过程中片面追求标新立异、鹤立鸡群的设计，而没有从周边的环境与整体的布局出发，采取不同的艺术手法来进行规划设计。此外，景观设计和建筑设计单位两者之间的沟通协调程度不够，进而形成建筑与景观两种不同的体系，导致在居住区内出现两种风格并存的情况，最终导致整体环境缺乏协调感，整体效果比较差。

3.景观小品过多，缺乏特色

随着近几年来房地产业的快速发展，在居住区内布置过多的景观小品，导致景观小品泛滥，趋于雷同，没有重点景观，缺乏特色。而且有的景观小品与居住区内环境格格不入，达不到装饰的效果。

4.居住区的园林设计复制问题比较严重

在现代居住区园林规划设计中，越来越多的设计人员缺乏设计思想，为了追求名利及受到开发商的影响，他们所设计的作品盲目复制、缺乏创新思想，使得许多居住区园林设计作品越来越相似，所以应该要求设计人员发挥创新思维，根据居住区的品位、主体不同等的实际情况来规划、设计出具有特色性的居住区园林景观。

（二）解决措施

1.要坚持以人为本的原则，重视居住区景观规划设计的功能性

在居住区园林绿化过程中，要根据不同的功能和使用要求来进行规划设计，要时刻坚持以人为本的原则，既要使景观具有可视性，又要使其具有功能性，使居民置身景观之内，融入其中，达到人与自然之间的和谐，增强人与自然的互动性。

2.居住区景观规划设计要注重创新，注重艺术手法，注重管理，注重经济适用

要通过采用丰富大色块与自然流畅的林缘线相结合的方式，获得比较好的感官景致效果，但同时一定要考虑住宅区的采光与通风条件，最终达到居住区景观功能优先、以绿为主、注重层次、方便居住区居民的目标，从而营造一个适宜人居的户外环境空间。

3.重视居住区规划整体性，统一进行园林规划设计，协调居住区设计整体布局

在进行居住区景观规划设计时，应该从整体布局出发，在充分考虑居住区整体风貌、地域文化的前提下，坚持"以人为本"的原则，来进行绿地规划设计。这就要求设计人员要有整体设计的思想，在进行绿地规划设计时统筹兼顾，考虑到整体的结构风貌，只有这样，才能设计出比较好的园林作品。

4.在进行居住区绿地规划设计时，应该模拟自然，同时要做到疏密有致

由于我们人类是自然的产物，所以自然的东西在人的头脑中更容易产生美好与和谐的感觉。在进行居住区景观规划设计时，利用疏密有致的空间分割，可以为人们创造所需的空间尺度，还可以丰富视觉景观效果，从而做到人性化设计。

5. 加强立体绿化模式设计

立体绿化就是指平台、阳台、屋顶、墙面等地方的绿化。立体绿化有利于解决绿化面积和建筑用地之间的矛盾及容积率与绿地率之间的矛盾。在国外，立体绿化应用相当普遍，许多居住区除了有地面绿化以外，其走廊、阳台、屋顶以及空中平台也几乎全部被绿色所覆盖，有的还甚至出现了空中花园、屋顶花园等园林绿化环境。

6. 加强立法工作，建立完善的监督管理体制

面对居住区园林规划设计复制抄袭越来越多的现象，我们要采取立法管理机制，严厉打击这种现象，以减少这种复制抄袭现象的发生。要想获得较好的居住区景观规划设计的效果，必须加快立法进度，建立完善的监督管理体制，只有这样，才能杜绝居住区园林规划设计复制抄袭现象的发生。

7. 加大对设计人员师资队伍建设的投入，以此来提高他们的专业综合素养

我国的园林环境景观设计起步比较晚，在这方面缺少大量的专业性人才，远没有国外的园林景观规划设计能力强。这就需要我们多向国外学习，多进行学术性交流与讨论，多引进这方面的专业性人才，来加强自己的设计人员师资队伍建设，提高我国设计人员的专业素养。

8. 加强团队合作意识，共同完成设计工作

一个好的园林作品往往是由团队合作来完成的，所以要加强团队合作意识，只有这样，才能不断地创造出优秀的作品。

随着社会经济的快速发展，居住区的景观环境规划设计越来越受到重视，环境景观已经成为人类居住条件中不可缺少的一部分。因此，要求我们在做居住区园林规划设计时，始终坚持"以人为本"的原则，做到观赏性、功能性以及经济性的和谐并重，使人们在体验绿色环境的同时，走近自然、融入自然，充分感受大自然的神奇力量。居住区景观环境规划设计是城市绿地规划中的重要组成部分，城市居住区绿化，可以改善城市环境质量以及达到提高人居环境质量的目的，可以使人们充分与自然接触，相互依存，真正做到人与自然的和谐。舒适、绿色、生态的生活境域，是人类共同追求的目标。

第三节　实例分析

介绍地域文化在居住区景观设计方面的应用，从实例出发，阐述地域文化与居住区景观设计的有机融合，指明其旨在提升居住区景观设计中的地域文化内涵，在满足居民日常居住需要的同时，提供了解地域文化的场所。

随着社会的不断进步，人们对居住区的要求已经不仅限于居住功能。如何满足居

民追求优美宜人的自然环境、提升居住舒适度和幸福感的需求，已经成为景观设计师需要重点解决的问题。本节结合笔者多年的工作经验和具体实施案例，浅析地域文化对居住区景观设计的影响，以丰富居住区景观设计的地域特色和文化内涵，为广大景观设计师提供灵感。

一、项目背景

2015年年初，佳木斯市市政府重点打造的惠民工程——东兴城居住区棚户区改造项目正式启动，先后动迁了江山村、双新村，永民、工农等社区，拆迁9 855户、34 203人，拆迁建筑面积75.96万平方米，全面改善了该地区的整体居住环境。随着城市道路、建筑、市政管线等陆续建设，居住区的庭院环境建设需求越来越迫切，在此背景下，东兴城居住区庭院景观规划设计的编制工作开始了。

规划注重景观的生态性、低碳性、环保性，融入佳木斯市特殊的地域文化，保留原有大树，加强废旧材料的再利用，将佳木斯市的地域文化融入景观设计中，通过合理的设计手法营造出自然、宜人、地域文化浓郁的居住景观。

二、景观设计风格与特点

（一）"现代中式"景观设计风格

将传统的造景理水等造园方式用现代手法重新演绎，将现代元素与地域传统文化有机结合，营造出自然、生态、宜居且具有时代感的居住园林景观。

（二）景观设计特点

园林景观设计充分考虑"海绵城市"理论，通过建设多处"海绵体"，实现对天然降水的最大化利用，目的是打造低碳、生态、环保的居住园林景观。

充分挖掘地域文化，将具有代表性的地域文化要素提炼升华后融入居住园林景观中，打造地域文化浓郁的居住园林景观。

在园林景观设计中充分利用本地材料、乡土树种，因地制宜。

三、整体景观结构——"一轴，八组团"

"一轴"是指位于整个居住区中部的文化景观主轴线，即贯穿于整个居住区中间的"溯"园、"耕"园和"腾"园3个地域文化特色突出的园林景观构成的轴线。

"八组团"是指由城市道路自然划分的7个景观组团和1个公园绿地组团。

四、东兴城景观主轴——"地域文化"

本次规划重点将佳木斯市从小渔村到解放初期的工业发展作为东兴城景观主轴的设计源泉。通过对历史文化的挖掘,规划地域文化大体分为以下3个阶段:

起源阶段。1888年建立东兴镇,东兴镇原为一个小渔村,是佳木斯市发展的起源地、赫哲族的主要聚居场所。

农业发展阶段。响应国家提出发展"北大荒"的口号,这是佳木斯市农业发展最快的阶段。

工业建设阶段。"一五""二五"期间,佳木斯市先后建设各大工业厂区,取得了辉煌的成绩。

整条景观主轴的北侧起点为赫哲文化广场,广场为半圆形,其中部靠南的位置设计1处景观小品,木塑透空字——东兴溯源,表明主题立意。景观小品两侧为8根景观柱,景观柱与背景乔木、灌木共同形成一处围合入口空间。

(一)"渔猎"文化

赫哲族,全国六小民族之一,也是佳木斯市的一张名片,其特点就是"渔猎"文化,历史悠久,鱼皮衣、鱼皮画已被评为非物质文化遗产。东兴城的名称源于东兴镇。将景观主轴最北端组团命名为"溯"园,以"渔猎"文化为引线,有追溯起源的意思。通过主题雕塑、宣传栏、景观小品和其他一些细节将渔猎文化融入景观之中,具体做法如下:

主题雕塑为"鲟鳇故里",由几面墙围合而成,南北向墙体由红砖砌筑,表面为水泥抹灰,采用不同深度压纹,局部镂空成鱼群形状,形成鱼在水中游的场景,东西向墙体采用文化石贴面,透空部分为鱼鳍状,突出鱼文化主题。

结合宣传栏的使用功能,赋予其一定的文化内涵,将体现渔猎文化的江风渔猎图拼贴在宣传栏上,并采用局部透空、增加花斗等方式,不仅突出了渔猎文化的主题,也使其成为组团入口处一道亮丽的景观。

结合居民休憩空间设置一处东兴溯源景观小品,柱体采用木材,雕刻鱼鳞图案,镶嵌钢化玻璃,刻上渔猎文化的文字和佳木斯市从小村发展为现代化城市的历史演变过程,便于人们了解本园设计中的文化要素和佳木斯市历史。

(二)"农耕"文化

20世纪60年代,大量解放军官兵组建了生产建设兵团,短期内使佳木斯农业取得了很大的发展,这是佳木斯市农业发展最快的阶段。将景观主轴中间组团命名为"耕"园,以东北独特的农耕文化和"北大荒"精神为引线,通过景观雕塑、小品等使生活在城市中的人们了解那段刀耕火种的历史,具体做法如下:

主题雕塑——灌溉水车，用混凝土仿木材质做成2个水车，水车上雕刻二十四节气，表现古代农民在农田灌溉方面的聪明才智。

宣传栏——农业强市，将体现早期东北农村刀耕火种的劳动场面通过浮雕贴在上面，并采用局部透空等设计手法，既展示了佳木斯市作为农业大市的农耕文化主题，又使其成为该组团一个独特的景观。

景观小品——黑土粮仓、女拖拉机手等，充分展示了佳木斯市这个位于三江平原腹地的国家重要商品粮基地在农业方面做出的突出贡献。

（三）"工业"文化

解放初期，作为祖国的大后方，在"一五""二五"期间，佳木斯市先后建设了造纸厂（亚洲最大）、纺织厂（中国最大）等，为新中国的建设发展做出了突出的贡献，凸显了佳木斯市浓厚的工业文化底蕴。如今，佳东高新技术产业园逐步建成，各厂区相继落地，百威、英博等大企业即将投产或已投产，展现了新时代背景下的佳木斯市工业新面貌。将景观主轴最南端组团命名为"腾园"，寓意佳木斯市再次腾飞。

该组团的景观设计以工业文化为立意，提取部分工业元素用于景观创作，易于人们追溯过去、展望未来。通过主题雕塑、宣传栏、景观小品等细节设计将佳木斯市工业文化融入景观之中，具体做法如下：

主题雕塑——佳城腾飞。用层层叠起的羽翼托起象征工业文化的齿轮，寓意佳木斯市蒸蒸日上、展翅飞翔。

宣传栏——工业兴市。以亚洲最大的佳木斯造纸厂为设计灵感，忙碌的造纸生产壁画、堆砌在一起的纸卷，无不使人们感怀当年红红火火、忙忙碌碌的生产场面。

景观小品。该园的景观小品主要有纺锤雕塑小品（中国最大的佳木斯纺织厂）、啤酒桶景观小品（佳木斯啤酒厂）、工业齿轮景观小品（佳木斯电机厂等）等，充分展示了佳木斯市工业腾飞的历程。

五、东兴城文化公园——兴园

该公园是该居住区的集中大型绿地，设计中也大量融入了地域文化，具体表现如下：

在入口广场两侧设置文化景墙，其上放置一些体现城市历史建筑、企业、文化的照片，易于人们回顾历史。景墙做成折线状，可以变换人们的视角，避免视觉疲劳，营造出早期临街建筑的感觉。

开天广场，用于体现先民开垦自然时的艰辛，展现农耕文化，寓意"北大荒"拓荒精神。廊架以木质、茅草为主材，雕塑小品多为石磨、石锄及田间耕作场景，散置于林荫、草地中，打造特色空间形象。

在亲水平台修建廊亭，为人们提供休憩赏景的小空间。廊架顶部采用钢化玻璃，增加透光度，两侧仿造白桦树干和树叶，使廊架与周边自然环境融为一体，展现农民淳朴的气息。

佳木斯市市民热爱运动，"快乐舞步"传遍全国。此次规划在兴园内划定了一定区域用于展现体育文化，以日月广场为核心，在其周边设置网球场、羽毛球场、篮球场、健身器材区、儿童活动区等，为周边居民提供一处休闲愉悦的健身空间。

除了上述重要节点等景观设计吸取了大量地域文化元素外，在其他3个组团的细节设计中，座椅、照明设施、庭院栅栏、地面铺装等均汲取了地域文化元素，创作形成了具有地域文化特色的园林景观。

在其他组团的设计中，大量汲取了佳木斯市独特的"北大荒"文化、红色文化等。地域文化的融入，充分展示了先民开垦自然时的艰辛，展现农耕文化，寓意"北大荒"拓荒精神，使人们铭记光荣的革命斗争传统，缅怀先烈的英雄事迹，忆古惜今。

本节论述了地域文化在居住区景观设计中的应用，阐明了地域文化如何与居住区景观设计有机融为一体，并从实例出发，对地域文化与居住区景观设计的有机融合进行了分析，旨在为提升居住区景观设计中的地域文化内涵提供借鉴。

第七章　生态道路景观设计

第一节　道路景观规划设计的原则

城市道路是城市景观的框架，在城市里，交通运输、购物、交往都离不开道路。城市道路景观则涵盖城市道路景色和人造的绿化景观，既有街道绿化要求，还要考虑园林城市建设，体现城市的文化和历史。

一、人性化原则

在城市道路景观设计中体现以人为本。人是构成城市社会的最基本单位，是城市的主体。人们的习惯、行为、性格、爱好都对空间选择具有一定的作用，在城市道路景观设计时要充分考虑人群的不同需求，反映各种不同理念，为广大市民提供最佳服务。好的道路景观设计要处处为人着想，从宏观到微观充分满足使用者的需求，这样才能吸引人，给人留下美好的印象。

二、尊重历史的原则

对于传统和现代的东西，我们不能照抄和翻版，现在中国很多城市街路绿化盲目模仿与借鉴其他城市的风格与经验，导致如今中国大多数城市街路看起来没有风格，都是一个类型，体现不了当地的特色。这就需要探寻传统文化中适应时代要求的内容、形式与风格，塑造新的形式，创造新的形象。

三、适用、经济、美观的原则

道路景观设计主要以满足使用者的需求为目的，各种设施、设备及相关配置均应符合人性化，以最大限度成为适合、适宜的设计，发挥景观的最大效用。经济原则是指合理地利用费用、空间。在费用上，合理花费，使用当地现有材料，因地制宜，比如植物可以使用当地、当季植物，这样价格会便宜许多。另外，对于不同品质、不同价格的建材多加比较、衡量。合理而充分地利用空间，可以考虑选择能节省空间的材料，如立体绿化的藤蔓植物或用草地，以充分利用空间。景观设计的美多偏重于视觉上的美观。具体设计时往往会优先考虑社会性、群众性及经济实用性而后再论及美。这种美有时又是抽象的，对美的感受因人而异。景观设计方式应在统一中求变化，且表现出设计的独特风格。

在如今高度密集型的时代，信息以及物流传递的速度使适应现代潮流的大城市中心和一般城市中心之间的时空距离缩短了，因而全国各地一些现代化城市和城镇正失去自身的个性，看上去都很相似，有一种城市建设标准化的趋势。这一点我们可以借鉴国外的经验，尽量保留城市10年以上的大树，重点保护30年以上有历史的老房子，重新开发具有历史文化价值的景区，让这些城市的痕迹得到保护并保留。

四、道路设施的设计

快速路的立交桥和匝道会产生大量的"失落空间"。利用这些空间可以在城市有限的绿化空间内配以相应的乔木、灌木栽植与快速路自身的线型交织在一起，形成大尺度景观的和谐。做成高密度的植物群落，可以降低机动车对城市产生的噪声污染、尾气污染、热岛效应。

现在有些城市为了加速机动车的发展取消了非机动车行车专用路线，这是一种舍本逐末的行为，一方面提倡节能减排，另一方面取消非机动车的使用，这本身就是矛盾的。

对于公路建设项目而言，重要的是充分考虑道路沿线景观和视觉效果。保护原始景观，尊重河流、小溪及自然排水系统，充分认识到边界、护栏、树木形成的线条，尊重历史形成的小路，认识远山的景观、山脉、河流、湖泊、海洋及地平线。保护原始地貌，创造良好的视野。

道路设施的配置及设计尽量搭配清晰可辨识并且位置明显的交通标志，可以配合景观起到醒目的作用。

一板二带的植物配植。这是最常见的绿化类型。中间为机动车道，两侧种植行道树（各栽一行乔木）。一板二带在城市内三级街道居多，和生活区接近，为了美化市容、净化环境、增强防护效益，一板二带的植物配置应考虑行人和行车的遮阴要求，还要不影响交通和路灯照明，这类街道一般人、车混用。由于街道狭窄、光线不足，要选择半耐阴树种，以形成和谐相称的绿色通道。在两株乔木间，可适当配置耐阴花木或宿根花卉，不经常通机动车的街道可设置花径，以丰富道路景观。住宅小区的街道两侧，可选用开花或叶色富于变化的亚乔木，为街道增色。城市小巷最好栽植落叶树种，以免在葱郁的树冠覆盖下，冬天得不到阳光照射，一般只宜在南北向街道上适当配置常绿树种。临街围墙和围栅要适当栽植些爬藤植物。

二板三带的绿化植物配置。二板三带就是除在街道两侧人行道上配置人行道绿带外，中间用一条绿化带分隔，把车道分成上下行驶的两条车道，这种形式仅在市区二级街道，机动车流量不太大的情况下适用。在二板三带绿化的条件下，一般路面都比较宽，且人行道一般是在两侧绿带中，因此边带绿化多根据路面宽度栽植 1~2 行乔木，两行树间有 2~3 米的人行道。如南北走向道路边带靠近马路一侧可选择观花、观果或观叶的亚乔木，靠近两边建筑物的一侧可栽植叶大荫浓的乔木。这样，有较强的层次感。在亚乔木间（靠近路边的一棵树间）可栽花灌木或剪形的灌木，外侧一行可间栽常绿针叶树，以增强冬季的防护效果。东西向马路南侧，要尽量选择较耐阴的树种。为了不影响南侧靠近边一行树的生长，两行树木应插空交错栽植。为了美化市容、丰富街景，上层林冠乔木树种要栽得疏些，尽量配置成乔、灌、草复合形式，在绿化带较宽的条件下，尽量配植绿篱，显得街道绿化规整，有层次，对消减噪声、滞尘和吸收有害气体较为有利。中间分车绿带，尽量栽植叶大荫浓的树种。要尽量选择树形整齐的，如桧柏、云杉、冷杉等，间栽灌木、剪形灌木或花丛，以免影响交通视线。减小噪声和吸滞灰尘，还要适当配置绿篱。例如，行道树有黄槐、厚皮香；灌木有女贞球、女贞、叶子花、紫薇、竹子、塔柏、花柏、鹅掌木、黄金叶、天竺葵。

第二节　道路景观规划设计内容及其要点

城市道路是当人们进入城市时所获得的第一印象，同时也是推动城市发展的重要干线。在城市规划建设中，道路景观规划设计对于美化城市形象发挥着十分重要的作用。对此，本节首先对城市道路景观规划设计进行了介绍，然后在明确城市道路景观规划设计基本原则的基础上对城市道路景观规划设计的系统整合进行了详细探究，以期为城市打造独特的道路景观。

近年来，随着城市发展的需要，城区道路建设快速发展，在道路建设中，始终坚持道路绿化同道路建设同步规划、同步设计、同步建设、同步竣工，做到路通树成、路成景到。在道路景观规划设计中，应该综合考虑景观植物的多样性和植物层次特征，构建丰富的城市道路景观。

一、城市道路景观规划设计的内涵

根据生态学及地理学，景观不仅可以指地球表面的自然物体风景，而且还可以指在某个特定区域内，综合审美性和功能性于一体的可见景观。在人类社会活动中，景观具有一定的辨识度和空间异质性，在生态规划中可以重复规划，对于提高人们的生活质量、陶冶情操至关重要。现如今，社会经济发展迅速，东西方环境设计理念相互交融，这些都为城市道路景观规划设计提供了很多参考。在城市道路景观规划设计中，设计人员应该融入较多的经济因素、生态因素以及美学因素，在一定的生态价值理论体系中，对道路景观进行规划和设计，以优化地理生态系统。现如今，在城市道路规划设计中，景观布局设计的重要性越来越突出，将城市道路景观规划设计系统相整合，能够有效满足城市道路多元化功能需求。

二、城市道路景观规划设计的基本原则

（一）城市道路功能规划原则

在城市道路景观规划设计中，道路绿化的主要作用是庇荫、滤尘、降低噪声污染、改善城市道路环境、美化城市。道路是为人们提供工作、休息、货物流通等的重要通道，由于在交通空间中的不同人群的出行目的是不同的，因此对于道路景观也会产生不同的视觉感受。在对城市道路景观进行规划设计时，应该综合考虑行车、行人、视觉等因素，对于不同植物采用不同的栽植方法，将路线作为视觉线形设计的对象，坚持以人为本，提升视觉质量。在进行道路设计过程中，为了给人们带来赏心悦目的感受，应该避免植物景观遮挡视线，同时在道路拐弯位置应该避免种植大灌木或者小乔木。道路绿化还有一个重要的功能就是遮阴、降温，随着四季变化，植物的外观形态也会发生变化，夏季，天气闷热，行车和行人需要凉爽的交通环境，而道路植物能够为人们提供绿荫，提高行人出行舒适度。

（二）城市道路绿化生态协调原则

生态协调是城市道路景观规划的关键，生态协调原则要求对城市道路景观进行规划设计时，对植物进行多层次配置，将灌木、乔木、花草相结合，创造植物群落的整体美。这样不仅能够美化环境、净化空气，而且还能有效提高人们的生活质量。

（三）科学性与艺术性结合原则

在城市道路景观规划设计中，不仅要确保植物习性与环境相适应，而且还需要通过艺术构图原理充分体现植物的形式美，将造园艺术与绘画艺术相统一。比如，某市园林绿化科学性、艺术性应用较好，植物造型、色彩、立体配置等都有独到之处。特别是南北大街的景观设计创造以"龙"为主题的高品位的绿化景观。南北大街两侧绿化带好似两条绿色巨龙，呈现出蓄势腾飞之势，结合高低起伏的组合，花坛恰似长城。长城被公认为是中国"龙"的象征。方案设计中将花池设计成长城微缩景观，既丰富了构图的空间感，又丰富了"龙"文化的深刻内涵。为充分体现绿色景观立体效果，方案中采用常绿与落叶植被的综合运用，从而保证四季有景。

（四）因地制宜、适地适树原则

根据该地区气候、栽植地的小气候和地下环境条件，选择适于在该地生长的树木，以利于树木的正常生长发育，抗御自然灾害，保持较稳定的绿化成果。例如，行道树树种的选择标准如下：①树冠冠幅大、枝叶茂密；②抗病性强，耐瘠薄土壤、耐寒、耐旱；③生长寿命长；④深根性；⑤耐修剪；⑥没有飞絮；⑦发芽早、落叶晚。在城市道路空间上，应该采用层次种植的方法，在平面设计上确保线条流畅，强调景观规划设计的整体性。

三、城市道路景观规划设计的系统整合

（一）交通性道路景观规划设计的系统整合

在城市道路中，交通性道路是由路灯、地面标线、标识牌、跨线桥及加油站等设施所构成的。交通性道路是城市重要运输工具，其规划设计的合理性十分重要，但是在具体的规划设计环节，涉及很多工作面，操作难度较大。城市道路线形不易产生特色，因为道路行车速度较快，因此，为了保障车辆和行人安全，一般采用直线设计。为了提升城市道路景观设计的美观度，应该重点在道路空间规划设计方面提升道路形象，在交通设施的设计上也应该实现形象化和标准化。另外，在城市交通设施的设计方面，也应该强调整体性和协调性原则，在各个细节位置都应该仔细推敲，结合道路环境特色进行规划设计，加强城市道路规划设计的视觉效果。

（二）步行道路景观设计的系统整合

通常情况下，城市的步行道都位于城市中心商业繁华地区，在步行道景观设计方面，应该强调亲切性、趣味性、个性化及人性化特征，充分符合自然环境、人文环境及历史文化实际需要。在商业步行街建筑的高度和宽度设计方面，应该以营造和谐亲切的环境氛围为重要宗旨，为人们提供日常交往休闲娱乐场所；在商业街道景观规划设计方面，应该综合考虑建筑风格和色彩实际情况，确保体量和质感的变化符合商业街道景观设计要求。对于街道地面的铺装，应该结合不同城市实际需要，合理选择不同的铺装材料，比如，北方地区干燥寒冷，对于地面铺装应该选择吸水性较差且表面坚硬粗糙的铺装材料，这样不仅能够起到很好的防滑作用，而且还不容易受到磨损；南方地区炎热多雨，对于地面铺装应该选择吸水性较好且表面粗糙的铺装材料，这样能够有效提高道路防滑功能，保护行人安全。城市步行道设施的选择应该尽量符合人们的实际需要，比如街道座椅、自动取款机、停车场、电话亭等，都应该结合实际情况合理布局，同时，在设施设计方面也应该充分体现城市的历史文化。

（三）绿化的规划设计的系统整合

城市道路绿化设计和规划，不仅能够有效提高城市整体形象，而且还能够为人们营造出活力、亲切的视觉感受，同时，在保护道路卫生、净化空气、调节温度、减少噪声污染、消除视觉疲劳方面发挥着十分重要的作用。在对城市道路进行规划设计的系统整合时，应该综合考虑草坪、灌木或树冠、使用照明等的类型及树种。如果城市道路宽度较大，则可以在道路两侧或中间设置绿化隔离带合理调整空间尺度。在进行城市道路景观规划设计的系统整合时，应该认真调查道路的周围环境和立地条件，为道路景观规划设计打下基础。

四、城市道路绿化景观设计要点

（一）科学选用植物种类

在城市道路绿化景观设计规划中，要合理选用绿化树种及其他种类的植物，尽量体现出地方植物特色，体现出植物选用的科学性。通常，城市道路中绿化用地的确定具有多方面影响因素，往往都会把道路建设施工中人为损坏较为严重的地段作为绿化用地使用。因此，在对道路进行绿化景观建设时，需要对土壤进行改良处理，以客土栽培作为前提，因地制宜，选取抗病虫害能力和抗污染能力较强的树种，提高植被的生态效益，使绿色植被发挥出减少扬尘、调节空气的作用。由于城市道路是行人和司机的重要活动空间，在保证道路畅通、安全的基础上，还要营造出良好的环境，增强人们的视觉效果，因而要对植被的层次与色彩进行合理搭配，突出特殊植被的点缀作用，使道路景观的色彩丰富，打破单一、固化与单调的绿化模式。

（二）注重端点与节点处理

城市道路绿化，需要对分车带的端点和道路的交叉口情况进行认真分析，对端点与节点处进行妥善处理。在实际绿化工作中，要把城市道路绿化景观设计的衔接性与连续性作为前提基础，在对道路进行绿化处理时，必须注重行人和通车的安全性，提升视线指引功能。例如，在对城市道路绿化景观进行设计时，可以将一些具有低矮特点的彩叶花卉在端头处种植，这样进行设计，不仅能够提高行车安全系数，同时还可以对人们起到安全提醒作用，发挥绿化景观的指引功能，另外也增加了道路景观设计的多样性。

（三）合理确定绿化形式

对于城市道路绿化景观设计工作而言，绿化形式是关键，因而如何确定城市的绿化形式是工作中的重点内容。为了合理设计城市道路景观，可以从如下几方面入手：①要明确绿化道路的性质，同时要对该座城市的建筑风格特色有所了解。②在绿化施工中,需要科学确定管线位置,并对相关管线进行深埋处理。③要合理设计绿化面积。做好上述准备工作以后,结合本地的实际发展情况和天气、地理等条件,合理设计景观绿化方案。

综上所述,在城市道路景观规划设计的系统整合时,应该坚持城市道路功能规划、城市道路绿化生态协调、科学性与艺术性结合,以及因地制宜、适地适树原则,应该综合考虑城市道路绿化功能、园林作用、城市道路绿化植物选择、道路景观营造等多个方面,对交通性道路景观规划设计、步行道路景观设计以及绿化的规划设计进行系统整合,营造良好的城市道路景观,美化城市环境,提高现代化城市精神文明水平。

第三节 实例分析

城市道路是城市的"骨架",代表着城市的形象,而城市道路景观对城市道路面貌起着决定性因素。本节从城市道路景观设计存在的问题入手,以北京荣京东街道路景观设计为案例,通过对其总体设计、道路节点设计和专项设计等几个方面进行分析,概括出城市道路景观设计的新思路。

一、当今城市道路景观存在的问题

近年来,随着经济和社会的发展,我国进入快速发展的时期,城市道路建设也是如火如荼,一个需要注意且容易被忽视的问题便是城市道路景观的设计和建设。人们对一个城市的印象,往往是通过城市道路景观获得的,因此,城市道路景观很大程度上决定了城市的形象,但是,城市道路景观在快速发展的过程中,由于各种原因出现了诸多的问题:

缺乏"以人为本"的理念:城市道路景观设计不仅要考虑城市交通的需要,还要充分考虑对"人"的个体关怀。例如,在本来就狭窄的人行道上栽种灌木或者乱停车辆,影响行人通行;或在城市道路环岛上密植大量的乔灌木,阻挡行车视线,容易导致交通事故。一个好的城市道路景观应该处处考虑行人的实用需求,为行人提供舒适美观的交通空间。

没有区域文化特色:大多数城市道路景观建设通常是盲目照搬其他城市的做法,致使城市道路景观"千篇一律",缺乏对当地的地理文化、民族、历史、社会变迁及当地人的生活习惯等因素的充分考虑,没有很好地体现道路所在城市或者区域的文化特征。

与周围环境不协调统一:城市道路景观设计一般只考虑了道路红线范围的设计,

而忽略了与周围空间环境的融合。没有更好地从建筑色彩、道路铺装、街道照明、道路绿化、标识系统、市政设施、景观小品等角度协调统一整体街道形象。

缺乏生态性：城市道路建设往往忽视生态性，如多数城市道路常常使用不透水材料，致使雨水不能渗入地下；城市道路景观中的照明设计，没有充分对没有污染的太阳能进行利用；城市道路设计中的植物种植也没有很好地关注生物链，发挥植物对环境建设的重要功能。

缺少公共艺术品：雕塑小品可以打破道路沉闷乏味的环境，使之更富有生活气息，并成为"吸睛"的亮点。由于我国公共艺术发展起步较晚，国民的欣赏水平整体偏低，且没有及时地为公共艺术立法，无法让更多公共艺术贴近群众，促使艺术多元化，让更多更好的公共艺术走进街道、社区普惠民众。

二、城市道路景观对城市形象塑造的重要性

许多城市为了塑造良好的城市形象，不仅有自己的城市口号、城市名片、城市地标、市花，甚至还制作宣传片来宣传自己的城市，目的是推动这个城市的经济、文化和技术的发展水平。殊不知，城市道路景观是城市风光的重要组成部分，不仅具有宣传城市形象的作用，其景观的视觉走廊代表城市的基本形象，也是影响城市形象的基本因素。人们对城市的第一印象，往往是通过城市道路景观获得的，因此，城市道路景观是人们观察城市、认识城市的重要途径，同时，城市道路景观在体现城市个性和文化特色方面，也具有重要的作用。

一个良好的城市道路景观，在制造优美的城市交通环境、提升城市品位、塑造城市形象方面扮演着重要的角色。

三、城市道路景观设计的典范——北京荣京东街道路景观改造设计

（一）项目背景分析

1. 亦庄区位

亦庄新城是京津冀北区域的核心地区重点发展的新城之一，是京津城镇走廊和产业带上的重要节点。新城总面积约212.7平方公里，包括北京经济技术开发区46.8平方公里、大兴区81平方公里、通州区131.5平方公里。

2. 亦庄定位

它是以高新技术产业和先进制造业聚集发展为依托的综合产业新城，是辐射并带动京津城镇走廊产业发展的区域产业中心。发展目标是使其成为高新技术产业中心、高端产业服务基地和国际"宜业"新城。

3. 亦庄历史

亦庄在元明清时期属皇家猎苑；清代末年，政府派兵驻扎南苑，为便于京城守卫和运输军需物资；20世纪50年代为北京重要的副食品基地；1991年开始筹建北京经济开发区，1992年开始建设并对外招商；1994年8月25日被国务院批准为国家级经济技术开发区；2005年年初实施多中心与新城发展的战略。

亦庄核心区主要包括三大块：居住区、公建区和工业区。

居住区：面积，占地243公顷，建筑365万平方米。人口，6.5万人。

公建区：北起文化园路，南至凉水河，冬至宏达路，西至居住区和产业区，荣华路全长约4.5千米。用地总面积（不包括道路用地）：248公顷，其中建设用地195公顷、公共绿地面积53公顷。

工业区：工业园发展成熟，产业属性为辐射世界的外向型、实力型产业，产生了大量的商务配套需求。

核心区整体规划为"两带—七片—多中心"的"组团网络式"城市空间结构。"两带"是指生活带和生产带；"七片"是指核心区、河西区、路东区、亦庄枢纽站前综合区、马驹桥居住组团、物流基地和六环路南区；"多中心"是指亦庄枢纽站前综合服务中心，荣华路高端产业服务中心，凉水河滨水科技中心及六环路南区公共中心。

八条路分别为荣华路、荣京街、荣昌街、文化园东路、北环东路、万源街、东环北路和三海子东路。

荣京街为东西向街道，长度约3.5千米，由东向西贯穿工业区、产业区和居住区三大区域，是亦庄最具代表性的街道。东起东环中路交叉口，西止于西环北路交叉口，全长3.5公里。本次重点设计范围为荣京街东街。

（二）设计原则

统一性原则：将道路作为一个整体考虑，统一考虑道路两侧的建筑物、绿化、街道设施、色彩及历史文化等，避免片段的堆砌和拼凑。

前瞻性原则：从未来发展的角度出发，形成具有带动作用的景观环境；不进行或少进行破坏的设计思路。

生态性原则：整个荣京东街的设计使用生态材料，如透水砖或透水混凝土，尽量使雨水能够渗入地下；关注生物链；充分对没有污染的太阳能进行利用。

科技性原则：设计中尽量使用时尚、科技感十足的材质，如金属；街道设计中所用到的雕塑小品或城市家具，时代设计感要强，使其与整条街道周围的环境相协调；灯光尽量用冷色调，能够体现理性思维和现代科技感。

文化性原则：街道设计应符合亦庄的历史文化背景，体现其所处的区域文化特色，传达区域精神，增强吸引力。

（三）案例借鉴

1. 纽约时代广场

2002—2013年，纽约市开始重新设计街道项目，并开发庞大的街道网络。2002年1月，布隆伯格在时代广场的新年庆祝活动中，正式就职成为纽约的第108任市长。他提出了一系列空间整治和升级措施。2009年2月，布隆伯格宣布在百老汇大道时代广场段（42~47街）和先驱广场段（33~35街）试行增加步行空间。此外，通过改变道路铺装、添加临时座椅、自行车专用道等方式，将时代广场和先驱广场转变为慢行交通的公共空间。2010年2月，时代广场试验中增加的步行空间，改造为永久性人行广场，增设公共活动需要的电源等基础设施。改造项目于2012年正式开始，于2016年结束。

案例的借鉴意义：（1）增加街道公共空间；（2）重新分配车道空间；（3）增加公共设施。

2. 巴黎街道

在巴黎出行有60%是由脚来完成的，远远超出小汽车的7%。从2012年起，巴黎市规划着手将重心从其他交通方式转移到行人，以增强城市交通的可持续发展。为了便于行人出行，巴黎从根本上清除步行道上的障碍，让步行变得通畅，如拓宽和延长巴黎街头的步行道，改造并增加设施，满足巴黎人对露天咖啡座、长凳、绿化、喷泉及自行车停放处的要求，形成舒适的步行体验方式，增加交通的安全性。

案例的借鉴意义：（1）促进公共空间与私人汽车的平衡；（2）拓宽步行道路；（3）增加道路公共设施和公共艺术品；（4）关注交通安全性。

（四）北京荣京东街道路景观设计方案分析

1. 总体设计

（1）荣京东街道路总平面。荣京东街以制造工业园区为主，宏达中路与荣京东街交叉口西南角为地铁亦庄荣京东站，此处人流最为密集，是该路段的主要交通枢纽。在此路口，一座立交桥横架于此，并与荣京东街呈垂直方向，是地铁亦庄线路主要的通行干道。由于地铁出入口位于该交叉口的西南方向，所以设计了小型广场，不仅为人群暂时停留提供场地，还便于人群的疏散。

荣京东街与永昌中路交叉口是生物医药等制造业集中区域，如凯因科技股份有限公司、百泰生物药业公司和泰德制药有限公司等。永昌北路与荣京东街连接处设置5路和523路公交车。荣京街东街与同济北路段的公安局经济技术开发区东侧设置自行车租赁点，为市民出行提供便利条件。

荣京东街主要是由车行道、非机动车道和人行道组成的。荣京东街道路总宽为50米，车行道是21米宽，人行道宽3.5米。人行道路上均设置盲道，便于残疾人出行。

（2）结构分析。荣京东街是一条东西走向的街道，整条东街与宏达路、永昌路和同济路垂直相交形成三个较大的十字路口，形成重要的交通性节点，其中，位于宏达中路与荣京东街交叉口西南角的地铁为交通枢纽。

2. 道路节点设计

（1）道路标准路段。整条街道是由道路标准路段和道路转角组成的。其中道路标准路段主要由特色硬质铺装、围栏、树篦子、种植花池、公交车站点、自行车租赁点、道路两边的开放空间及种植设计等组成。

设计采用透水材料将道路铺装做纵向条状布置，人行道与非机动车道之间采用围栏进行隔离，围栏设计以亦庄历史为背景，提取了松鼠、小鸟等皇家南苑常出现的动物，为街道景观增添趣味。步道内侧绿地结合常绿小灌木及丰富细节的小品，使四季都有可以欣赏的景观。

（2）宏达路与荣京东街交叉口。宏达北路与荣京东街交叉口西边为商务区，道路转角处使用彩色透水砖或彩色透水混凝土进行特色铺装。东边为产业区，除在道路转角处实行特色铺装外，还在道路端口设置艺术雕塑。宏达中路与荣京东街交叉口西南角是地铁，在此设计了小型广场作为开放空间，便于人流疏散。在宏达路和荣京东街交叉口上方设置了一座与荣京东街呈垂直方向的高架桥，同时，位于高架桥西侧设置了人行天桥，共同缓解此处的交通压力。

（3）荣京东街东端头。荣京东街端头进行了大面积的特色硬质铺装，材质为彩色透水砖或彩色透水混凝土，使整个路面干净整洁，且视野开阔。在荣京东街道路尽端的南侧设置了特色的雕塑小品作为一级标识，增加了城市街道的文化氛围。

3. 专项设计

（1）地面铺装。地面铺装以建筑功能为依据，整段路以灰色铺装为基底，并点缀相应的色系用以区别功能区，转角处拼色密度增加，以起到提示的作用；在各个功能区衔接路口会出现颜色的过渡，用以标示各区域的转换。地面铺装的材质只有彩色透水砖和彩色透水混凝土两种，便于达到整条街道在颜色和形式上的协调统一。

（2）植物种植。荣京东街为产业园区，故街道多选用草本植物，如白茅、细叶茂、玉竹及马蹄金等，配以少量淡色观叶灌木，以体现该区域的理性和科技感。

街道中的绿化隔离带景观植物要有层次感和细节的设计，如人行道与人行道之间的隔离带，绿地中间部分结合常绿小灌木或色叶型小灌木及丰富细节的小品，使四季都有景可观；人行道与非机动车道间，流线形成绿化区域面积较大地块，可局部种植小灌木，形成丰富的植物景观层次与节奏，且在道路隔离带尽端，设置部分景观小品，可丰富植物类型与层次。

建筑围墙与人行道之间，在靠近人行道的区域采用低矮地被及小灌木，越往后靠近围墙采用乔木。建筑场地出入口与人行道之间，应植入彩色小灌木，形成绿化种植色彩和高低层次的变化，适当缩小地被种植范围，让主入口形成吸引人的植物景观。

荣京东街附属绿地主要有主次路的转角处及公园绿地。主路转角处多种植些色彩及高低层次有变化的小灌木，少量结合小乔木，既形成丰富有变化的景观，又不失开敞的空间特点，近人处采用乔灌草复合绿化形式，形成吸引人的景观节点；次路转角处采用乔灌草复合绿化形式，形成丰富层次及色彩的转角景观；附属公园绿地，可适当增加部分乔木及灌木，采用分类型的成片绿化，改善地被过多，灌木分散的状态，形成绿化空间的变化。

（3）城市家具。荣京东街的城市家具是以亦庄历史（前身为皇家南苑）为设计出发点的，在设计元素中提取松鼠、小鸟等皇家南苑经常出现的动物，应用于人行隔挡、花池、候车站点等城市家具中，为街道景观增添趣味。在材料中，采用金属或混凝土为基础材料，部分城市家具配以实木等生态材料；在形体设计中主要以条形基本元素贯穿于整个城市家具系统中。

第八章 城市生态公园景观设计

第一节 城市公园景观规划设计的原则

城市公园作为城市的绿肺，为城市居民和游客带来自然气息的同时，也为其带来了休闲娱乐的场所。因此，城市公园在景观规划以及配套设施的建设方面，需要更多地考虑到人们的实际需求，以及公园本身的功能。本节主要探讨城市公园的建设原则以及一些建设策略。

由于城市建设的步伐逐步加快，城市公园作为城市的主要绿肺，也得到了有关部门的足够重视。城市公园在建设过程中，需要在保护环境的同时，为人们带来更好的游览体验。本节就是在这样的背景下，探讨城市公园的建设原则以及配套设施的设计。

一、城市公园及景观概述

我国的国家行业标准《公园设计规范》对公园的定义是，公园是一个有比较完善的设施、良好的绿化环境的公共绿地，公众可以在此进行观光、游览、休憩、开展科学文化、锻炼身体等活动。依据我国《城市绿地分类标准》，我国城市公共绿地按照功能可以划分为大、中、小三类。其中"大"类下的绿地又可以分为：公园绿地、防护绿地、生产绿地、附属绿地及其他绿地共五类。

研究表明，城市公园的主要功能包括：

（1）社会文化功能。随着我国人们生活水平的逐渐提高，人们都更加倾向于保持更加健康的体魄，所以参加锻炼的人数逐年增加。城市公园由于环境优美、设施相对较为齐全，而成为越来越多人进行休闲、娱乐等活动的首选。公众聚集在此，开展多种社会文化活动：跳舞、唱歌、跑步等，不仅提升公民整体身体素质，而且推动大众文化的形成。

（2）经济功能。城市公园是专为民众提供休闲、娱乐的公共场所，一些比较有特色、功能较为齐全的综合类公园已经成为城市旅游的热门场所，为促进城市的旅游业做出了巨大贡献。另外，因为公园的人流量加大，周边的街区也会成为比较热门的区域；公园中齐全的设施以及天然氧吧的功能，也会吸引更多的人选择公园旁边的住宅区。正是这些商业价值的存在，所以能够吸引大量的投资商，加快推动该地区的经济、社会的发展。

（3）环境功能。随着我国工业化进程的不断加快，部分城市近年来饱受空气污染的折磨。城市公园中因为大量的植被，可以加快吸收空气中的二氧化碳、二氧化硫、粉尘、细菌等，从而净化空气、产生氧气、调节气候等。因此，城市公园被越来越多的民众称为天然氧吧、城市绿肺等。另外，现代的城市大都是由钢筋混凝土组成的，城市公园就是最美丽的点缀，为冰冷的城市带来了更多的生气，为美化城市做出了突出的贡献。

鉴于城市公园的功能众多，城市公园的建设越来越引起了人们的重视。公园景观设计一般包括公园的景观规划以及公园具体的景观设计两个环节，通常情况下，被认为是为了满足人们的需求而有意识地进行建设和改造。

二、城市公园的设计原则

（一）以人为本

城市公园景观设计，归根结底是为了给人提供服务，因此在设计过程中，最重要的原则就是以人为本。人性化的景观设计要求设计者深刻了解和掌握使用这项服务的人的数量、年龄阶段、心理特征以及精神需求等，在此基础上最终实现资源的合理配置。考虑到我国目前的现实情况，人口老龄化问题越来越严重，而老人是城市公园使用人群的主力军之一，所以需要设计者给予特殊的关怀。城市景观的设计能否满足民众的休闲需求，已经成为当前衡量城市文明建设的重要指标。

一般城市公园人性化建设主要体现在以下几个方面：

（1）景观的建筑以及配套设施的人性化。比如，公园中的厕所要尽可能地覆盖公园所有角落；休闲场所的座椅，考虑到石材、金属在冬天寒冷刺骨，所以可以选择木质材料的。

（2）景观内的建筑及设施需要符合现代城市人们的审美需求。大到公园内的景点，小到一个水龙头的设计，尽可能符合大众的审美，这样才能使得公园景观具有更好的吸引力，才能引起人们对它产生共鸣。

（3）景观建筑以及配套设施的便捷性。由于公园中，老人和孩子的人数众多，所以在一些配套设施中最好考虑到这些因素。比如台阶数量尽可能少一些，或者设置一些无障碍通道。考虑到现代社会电子化程度越来越高，所以在城市公园中可以加入信息系统建设。比如，自动售货机、自动售卖票系统等。

（二）生态美学

城市公园的建设和整体环境的建设都是一致的，因此也需要满足生态可持续发展策略，保证整个生态系统的和谐共处。在公园的植物配置方面，除了保证当地固有植被的数量、种类之外，还可以适当地引入一些合适的外来物种，保证更加完善的生态系统多样性。另外，在城市公园主题的构造中，一般都会有一些湖泊、河流。所以，城市公园还需要保持整个水体、植被这个大系统的生态环境和谐、稳定。

为了保证城市公园符合生态美学的原则，可以在这些方面加以重视：

（1）城市公园内的景观建筑和配套设施要与周围环境协调。公园内的设施在满足用户使用功能的情况下，尽量避免对周围环境的破坏。另外，在景点的构造、布局或者配套设施的建设中，可以按照地形的特点加以改造。

（2）首先，在城市建筑或者配套设施的建设中可以选择使用一些新材料和新技术。像目前使用比较普遍的太阳能路灯，利用太阳能就可以保证公园的照明功能，不需要过多使用电能，既节省资源又可以保护环境。其次，可以对城市公园的厕所污水采用新技术，将处理过的水再次用到城市公园的湿地系统或者城市公园的植被浇水系统中，将水资源进行合理的重复利用，减少不必要的资源浪费。另外，还可以在一些公共场所的建筑中使用绿色材料，像高效的保温材料，既能保证在夏天较为凉爽，又能保证冬天比较暖和。

（三）经济合理

公园的建设也是一项耗资比较巨大的工程，因此在建设过程中，尽可能地节约制造成本，控制工程的成本。这就需要在工程建设的初期，尽可能地合理配置，以减少后期返工、维护、运营的成本。这主要体现在：

（1）建筑材料的本土化。在城市公园的建设初期，对公园所在地区的文化、自然等背景进行深入的调查，寻找能够延续公园本身的文化脉络，展示本地自然风光、人文特色的建筑原材料，既能保证当地资源的合理利用、有效地控制建造成本，而且可以体现地方特色，更具本地人文气息，成为城市的标志性建筑。另外，在一些大城市，由于土地资源比较紧张，新建城市公园基本不太可能，所以更多的是旧公园改造工程。针对这种工程，在改造前期也要提前做好规划，对旧公园中能够直接利用的设施、材料等都加以标记。对一些无法利用的、比较古老的建筑或者设施，可以进行相应的加固改造或者翻新设计等，使其成为一个供游客观赏的景点。

（2）控制城市公园中的建筑和设施的运行成本。城市公园中一般都会有的一些设施，像管理人员办公场所、小卖部、厕所、游乐设施等，在设计过程中除了考虑当时的造价成本之外，还要尽可能地考虑到其后期的运行成本。比如，可以利用公园中的树木等大型植被的遮阴效果，以此来减少夏天对空调的利用，节约电能。

（3）增加公园的创收项目。传统印象中的公园除了收取门票之外，基本没有其他的收入来源，而且目前很多的城市公园是作为公共福利向市民免费开放的。然而，公园的日常维护也是需要资金的，所以在不违反当地政府规章制度的情况下，尽可能地开辟公园中可利用的场所，为公园多增加一些创收项目。比如，可以利用公园中的树木等植被，建立一些儿童探险乐园，或者一些室外运动场地，甚至是户外烧烤等场所。

四、城市公园景观建筑及配套设施总体规划

（一）公园道路规划

公园在规划中，最重要也是游客使用最多的地方就是道路。城市公园的道路就像是城市公园的血管，必须能够贯穿整个公园的所有角落。所以，在设计过程中，要以实用性为主要出发点，根据地形、地貌以及公园中经典的分布综合考虑、统一规划，主干道和支路划分明确，功能清晰。由于一些综合性的公园面积比较大，所以在公园的道路设计中应该主次分明，按照道路的性质以及具体的功能，公园道路可以分为以下三种形式。

（1）主干道。公园的主干道一般连通公园出入口，是各大主要景点以及游人必经之地。另外，在道路宽度方面，由于公园的道路在非游览旺季，还需要供公园管理车辆通行，因此需要达到机动车正常驾驶的宽度，一般设置为5～7米，且多数情况下是环路。为了更好地保护公园内道路两旁的植被，在道路两旁最好留有一定距离的路肩或铺装。

（2）次要道路。次要道路的主要功能是辅助主干道，满足景区交通的基本游览用道功能，以及连接一些主干道不能直接到达的景点或者其他区域，一般的路面宽度是2.5～3.5米，基本以满足小型服务车辆顺利通行作为路面宽度标准。

（3）游憩小道。游憩小道主要是为了满足游客散步、休息或者分散游客进行不同景观内部空间游览的小道。而且这种小径都是弯曲、变化的，通常的道路宽度是0.9～1.5米，对于一些特殊的山道通常取的宽度是0.6～0.8米。

城市公园道路规划完成之后，紧接着就是道路铺设问题。城市公园道路铺设的材料可以选择一些自然的或者当地比较常见的材料，尽可能地节约公园建造成本。由于公园中的道路作为整个公园不可分割的一部分，在形状、材料颜色以及铺设方式等方面，在满足游客正常使用的情况下，进行个性化的设计，既可以装饰公园，也能够吸引人们对公园的喜爱。公园的主干道和支路，因为要通行车辆，所以尽量选择水泥等常规道路使用材料，如果道路宽度足够的话，可以在主干道两侧留出1米左右的宽度，设置塑胶跑道，方便进入公园锻炼的人们。公园的游憩小道，因为主要是供游客步行的道路，所以在道路材料的选择上比较广泛，一般常用的是木制材料、石材、鹅卵石等。

这种宽窄适宜的小道，配上欢快或者明亮的铺设风格，与周围的植被混为一体，可以给游客一种置身于乡间小道、置身于大自然的感觉。

由于城市公园相对面积比较大，对于一些初进公园的游客来说，很难在第一时间内找到自己想要到达的地方，因此道路标识系统就显得非常有必要。指示牌一般用来标记道路，指示各种景点、常用公共设施的位置、求助电话等。在公园标识系统的建设中，可以选择跟公园整体气氛相一致的装修风格，考虑到提示牌的功能，一般标识牌的颜色都比较鲜艳、显眼，能更好地引导游客在公园中顺利地游览。

（二）公园景点规划

城市公园主要是为游客提供休息、娱乐场所的，因此对公园的景点建筑设计一般都比较重视。由于公园在景点设计上通常是按照功能区划分的，每一个功能区通常会包括很多的景区，景区与景区之间通常由一些桥、长廊等建筑连接起来，比如南京的玄武湖公园。有些地方则会按照植物在四季的变化特点，来安排景区的风景特色，上海龙华植物园里的假山园就是这种风格的。公园景点的划分除了要根据公园本身的景色自然划分之外，还可以加入人为的意愿有意识地划分公园内的各个景点区。另外一个重要的问题是，由于城市公园在周末或假期的人流量相对较大，所以在一些比较吸引游客的景点设计上要尽可能地分散开来，既为了减少某一部分景点单位时间内的接客量，也为了让整个公园都变得更有吸引力。

（三）公园植被规划

公园中的植被分布一般比较广泛，本节主要选择一些比较重要的公园节点来阐述公园植被的规划，这些节点分别是公园的出入口、活动广场、各大景点以及休息场地等。由于公园出入口的人流量一般比较大，而且是各种车辆停放的主要地方，所以在这些地方的植被可以相对较为简单一些，选择一些常规的植物即可，以减少游客在此的逗留时间，减轻出入口的人流负担。活动广场作为人们主要的休闲场所，周围的植被在设计上可以较为活泼，造型也可以相对较为丰富一些。并且最好选择一些比较高大的植被，这样可以为游客在夏天遮挡烈日，有助于游客更好地欣赏公园。各大景点作为游客主要的游览目的地，在植被的选择上要尽可能丰富多彩，提供各种可供游客观赏的花木，但也要与周围的景点协调一致。休息场地的景点一般设计的都比较轻松随意，以草坪和高大的植被为主，可以与广场中的风格一致。

（四）公园小品规划

公园中常需的设施还有一些装饰物、公园景点照明设施以及一些人为展示和园林管理、方便游人之用的小型设施。对这些小品的规划和设计主要满足两个条件：一是保证材料环境友好的情况下，尽可能地有特色；二是能够满足游客的日常游览休息需求。

城市公园作为人们主要的休息、娱乐场所之一，在设计和规划方面需要满足人们的日常需求。城市公园作为整座城市的绿肺，在建造过程中要注意绿色材料的应用，在满足其他条件的情况下，尽可能地降低造价成本。只有真正做到环境友好的公园，才能为这座城市和游客带来真正的自然气息。

第二节　实例分析

美国心理学家马斯洛著名的"需求层次理论"指出：人类有五种基本需要，即生理的需要、安全的需要、归属与爱的需要、尊重的需要和自我实现的需要。"感到安全"是城市公共空间使用的前提：夜晚闭园是目前我国普遍采取的方法，但这也限制了人们的活动时间。因此，只有在满足公园安全的前提下，找到更合理的设计方法，才能更好地满足居民的需求。

一、CPTED 理论发展概述

1971 年和 1972 年，Jeffery 和 Newman 在出版的书中先后提出了通过环境设计预防犯罪理论（Crime Prevention through Environmental Design-CPTED），后期的研究都是基于这两种思想进行发展的：领属感是第一代 CPTED 理论的基础；出入控制策略，是指合法的使用者能够对使用的空间的入口加以控制；自然监控与出入控制强调的类似，此外还包括场地内的视线、灯光、景观和从街道看到场地的视线；特征标识、空间等级、加强管理和维护也是为特定场地加强领属感的策略。

1998 年，第二代 CPTED 理论在设计-影响-犯罪这个论题上加入了社会因素。这个社会因素不仅仅是第一代 CPTED 中提到的活动支持（activity support），而是回到了 Jane Jacobs 提出的最原始的思想，安全街区的核心是邻里和社区的感知。第二代 CPTED 理论包括四个核心策略：社会凝聚（social cohesion），联系（connectivity），社区文化（community culture），人口容量（threshold capacity）。

二、基于 CPTED 理论的公园安全性的提高

公园的安全性评估不仅看犯罪率高低，减少空间引起的恐惧心理也是重要的方面。使用者在环境中能够轻易感受到环境的氛围，收到安全或不安全的信号。当看到的和所理解的产生分歧时，人就会感到恐慌和焦虑，通常在没有意识到时，这种感觉已经传达给了大脑，设计师可以通过对自然环境适当地改造来减少这种恐惧感。

（一）环境设计手段

1. 提高领属感

领属感（territoriality），是 CPTED 早期最重要的环境处理手法之一，增强领属感能够提高人们对环境的拥有感，甚至责任感，环境责任感的提升自然能够很大程度地提高环境的安全性和市民使用环境的舒适度。可防卫空间的概念就是针对领属感这一特点提出的，有助于市民对领域进行控制，减少犯罪案件的发生并降低恐惧心理。可防卫空间具有较强的空间可监控机会，对犯罪分子具有心理威慑作用；明确的领域界限有助于人们把私有环境外的半私密、半公共区域视为私有环境的组成部分，有助于在其边缘形成亲密而熟悉的空间，加强外人的警觉和对公共空间的集体责任感。

设计有领属感的环境，即建立不同的空间，有助于减少空间中不同人群的冲突，也能够吸引不同需求的市民，提高环境的利用率。有领属感的环境设计，可以通过象征性的障碍物、不同的场地标高、不同的铺装形式、不同的植物种类、不同的构筑物颜色等来建立领域的标志，无论领域标志物是实质性的还是象征性的，都是领域限定的要素，有助于环境拥有不同的空间类型。

2. 提高环境的亲切度

毫无疑问，对环境觉得越熟悉，人们的恐惧感越弱。那么如何提高环境的亲切度呢？可以像上文提到的那样，增加视觉的通透性，这样不仅能够洞察身边环境的变化，还能很容易找到路。另外，也可以通过介绍，向游览者描述前方的景观是能够带来愉悦的。如果需要走很长的路才能到达，可以设置台阶或高台等能让观者爬上去了解未知环境的构筑，这样不仅有利于提高环境亲切感，还能增加游览的趣味。环境的亲切感有时是不能瞬时体会到的，需要一个过渡或者引导。因此，一个经验丰富的导游、一本游览手册、一本介绍类杂志、简单易懂的地图都能起到很好的作用。

对于有野趣的景观设计，也应该经过人工的整理。枯树和小溪营造的景观，并不受大多数人欢迎，也容易产生恐惧心理。据调查，人们更喜欢看起来已经整理过的、优美的景观。这并不是说设计时要避免设计野生的自然景观，也不是说每一处自然景观都要经过人工的雕琢，而是设计时，设计师应该考虑到环境亲切感对人的重要性。

3. 增加视线的通透性

视线全部或者部分被遮挡都能够引起恐惧的心理：比如矮墙，会阻挡人们的视线，并提供一个隐蔽的空间；密度太大的种植区也不可能很安全。当人们进入一个新环境，决定他们想不想继续探索的重要因素之一就是能不能看到后面的环境状况，是否容易进入、有无危险。如果一开始就遇到障碍或收到阻碍的信号，很可能就减少了人们进入环境的渴望。

在设计或者增加新场地的时候，视线的通透性很重要，如果设计的植物或构筑物能够提供足够的视线通透性，使用者就能够注意到他周边环境中的人所发生的行为。冠幅比较大的，并且在人眼高度没有视线遮挡的树木，能让人感到更加安全，而且更受欢迎。在道路旁，更加需要视线的通透，不只是车行道和人行道，林间的小径也需要适当的空间给予视线的通透。

（二）社会凝聚与公园活力

第一代 CPTED 理论的核心是领属感，社会凝聚（social cohesion）则是第二代 CPTED 理论的核心。无论是在居住区或是在公共空间中，提高市民的参与度，建立市民的责任感就等于 Jacobs 说的增加了无数关注的眼睛，保证了公共空间的安全。公园的安全性设计应该在保证合理的环境设计基础上，利用多种方法提高市民的参与度，本节主要以美国布莱恩特公园（Bryant Park）为例，说明如何建设更加安全且有活力的公园。

1. 布莱恩特公园的改造

布莱恩特公园占地 2.6 公顷，位于美国纽约曼哈顿市纽约公共图书馆后面。该地由一块墓地被改造成公园，后衰落成了流浪汉的家园，因此政府通过竞标第一次改造了公园。然而，20 世纪 60 年代，公园又成了吸毒贩毒者和妓女的地盘，抢劫案件也频繁发生，即使警察每晚把守公园入口，依然发生了谋杀案。

在第一次公园改造时，设计师 Lusby Simpson 设计了勒诺特尔风格的对称的矩形中心草坪，然而为了不让高出街道 1.2 米的公园受到周边街道的影响，Simpson 用墙壁、篱笆和灌木把公园围上，形成了一个封闭的公园。这种做法不符合 CPTED 中的视线通透原则，隔离了街道上的行人与公园使用者的视线，甚至连巡逻的警察也看不到公园里的情况。

公园的衰败也因资金的匮乏而缺乏管理所致。1963 年，支持改建公园的纽约城市公园委员罗伯特·摩西辞职，纽约对公园的财政拨款额度也突降，公园管理处由 6071 名全职雇员降至 1156 名。缺乏管理的公园，如果又没有安全性高的环境设计就只能变成城市的不安全空间了。

1998 年，公园解决了财政问题后，开始了全面修复工作。中心的大草坪被下挖 11 米，公园的道路经过重新铺设，乔木和灌木都经过修建或重新栽培，最重要的是保持视线的通透性，使得无论在公园里还是在街道上都没有视线的过分阻隔。公园用混合植物设计了长达 91 米的边界景观，增加了公园的领属感。出入口设计上，公园加宽了原入口，能够吸引来更多的游客和市民，并建造了有宽阔台阶的新入口，加强了领属感，这属于提高入口容量的手法，并且增加了公园的凝聚力。公园还更换了所有的路灯，并增加了一些路灯，连街道对面的飞檐也装上了灯，保证了夜晚的可视性。

上文提到的改造物理环境的手段初步为公园提供了安全的环境，但如果没有更多的人使用公园，又缺乏维护，公园仍可能再次衰败。二次改造后，公园为了提高市民的参与度，在树荫的草坪和阴凉处放置了 800 张桌子和 4000 把可移动的椅子供人们休息；设置了很多有吸引力的景点，并用一些结构体把这些景点联系起来建立了他们之间的关联性；签订了很多商家，包括烧烤店、户外咖啡馆、报刊亭和售货亭，这些设施能够吸引来成千上万的上班族、购物者和游客；公园内还安装了无线网络、增加了旋转木马、阅览室、棋牌室，冬季提供免费的滑冰场；每天在公园内举办 3~7 场精彩的活动，包括露天电影和音乐会，夏季每周一的电影放映会吸引的观众平均达 6000 人次。如今的布莱恩特公园很少出现犯罪的案件，已经成为纽约市最有吸引力的公园之一。

2. 中央公园及高线公园的分析

纽约中央公园自建成起，经历了多次破败，最终得到了有效的解决。最起作用的解决方法是雕刻家肯特·布鲁默（Kent Bloomer）为公园重新设计的路灯，提高了整个公园的安全性。为了使公园不再次被废弃，公园中提供的设施是多功能的，不局限于某个娱乐项目，只有少数是单一项目，因此"景观设计也非常灵活，可以同时满足不同人的需求，吸引老少贫富各型人士，每个人仅仅用自己的出现就能给他人增加乐趣"。

纽约高线公园成功做到了不论白天黑夜，都能够吸引形形色色的人进入园区活动：公园中足够的照明保证了夜晚的安全，随处可见的座椅、长椅提供了足够的休息场地，公园附近的商店也吸引了上班族和游客的经常光顾。

一个安全且又舒适的公园不应只靠监控设备、出入口的严密控制、巡逻的保安或警察，把一片公共空间变成了"牢笼"，公园设计者应利用环境本身为人们提供不会令人产生恐惧且亲和力强的空间，管理者应更加重视提高公众的参与度，提高民众对公园的责任感，利用民众的力量共同打造更加宜人的公园。

参考文献

[1] 萧默. 建筑意 [M]. 北京：清华大学出版社，2006.

[2] 廖建军. 园林景观设计基础 [M]. 湖南：湖南大学出版社，2011.

[3] 侯幼彬. 中国建筑美学 [M]. 北京：中国建筑工业出版社，2009.

[4] 唐学山. 园林设计 [M]. 北京：中国林业出版社，1996.

[5] 彭一刚. 中国古典园林分析 [M]. 北京：中国建筑工业出版社，1999.

[6] 余树勋. 园林美与园林艺术 [M]. 北京：科学出版社，1987.

[7] 高宗英. 谈绘画构图 [M]. 济南：山东人民出版社，1982.

[8] 计成. 园冶注释 [M]. 北京：中国建筑工业出版社，1988.

[9] 王其钧. 中国园林建筑语言 [M]. 北京：机械工业出版社，2007.

[10] 褚泓阳，屈永建. 园林艺术 [M]. 西安：西北工业大学出版社，2002.

[11] 韩轩. 园林工程规划与设计便携手册 [M]. 北京：中国电力出版社，2011.

[12] 邹原东. 园林绿化施工与养护 [M]. 北京：化学工业出版社，2013.

[13] [美] 阿纳森. 西方现代艺术史：绘画·雕塑·建筑 [M]. 天津：天津人民美术出版社，1999.

[14] [西] 毕加索. 现代艺术大师论艺术 [M]. 北京：中国人民大学出版社，2003.

[15] [美] 诺曼·K. 布思. 风景园林设计要素 [M]. 北京：中国林业出版社，1989.

[16] [德] 汉斯·罗易德，斯蒂芬·伯拉德，等. 开放的空间 [M]. 北京：中国电力出版社，2007.

[17] 彭一刚. 中国古典园林分析 [M]. 北京：中国建筑工业出版社，1986.

[18] [美] 格兰特·W. 里德. 园林景观设计从概念到设计 [M]. 北京：中国建筑工业出版社，2010.

[19] 郭晋平，周志翔. 景观生态学 [M]. 北京：中国林业出版社，2006.

[20] 西湖揽胜 [M]. 杭州：浙江人民出版社，2000.

[21] 王郁新，李文，贾军. 园林景观构成设计 [M]. 北京：中国林业出版社，2010.

[22] 王惕. 中华美术民俗 [M]. 北京：中国人民大学出版社，1996.

[23] 傅道彬. 晚唐钟声：中国文学的原型批评 [M]. 北京：北京大学出版社，2007：161.

[24] 孟祥勇. 设计：民生之美 [M]. 重庆：重庆大学出版社，2010.